U0155820

吃

EATING
ANIMALS

动
物

JONATHAN SAFRAN FOER

无声的它们
与
无处遁形的我们

〔美〕乔纳森·萨福兰·弗尔 著　陈觅 译

文汇出版社

新经典文化股份有限公司
www.readinglife.com
出　品

献给我可靠的向导，

山姆和艾琳诺

目录

祖母的故事

美国人常见的食物种类不到全球已知食物的 0.25%。[1]

家谱的果实

小时候，我经常在外婆家过周末。周五晚上进门时，她会一把将我从地上抱起，紧紧的拥抱让我几乎没法喘气。周日下午离开时，她会再次抱起我。很多年以后我才意识到，她是在掂量我的体重。

外婆赤手空拳熬过了战争时期[*]，靠翻垃圾填饱肚子：腐烂的土豆、果皮、骨头上的碎肉、果核上的残余……她从不在乎我玩填色游戏时涂到线外，但一定要对准虚线剪下折扣券。在酒店吃自助早餐时，任我们一桌人化身饕餮，外婆只是一个接一个地用桌上的食物做三明治，用餐巾包起来，放进包中当午餐。也是从外婆那儿，我学到一个茶包可以泡无数杯茶，还有，苹果的每个部分都能吃。

钱不是重点。（她让我剪的食品折扣券，很多她根本用不上。）

健康也不是重点。（她恨不得求我喝可乐。）

一家人聚餐时，外婆从不会在桌子前坐下来。即便已经没有活儿可干——没有碗需要添满，没有汤需要搅拌，烤箱里也没有食物需要查看——她仍然会留在厨房里，警觉的神情仿若一座塔的看守

---

[*] 指第二次世界大战。——本书脚注均为编译者注

（或者说囚徒）。在我看来，她从自己做的食物中汲取的，不止是身体上的养分。

当年在欧洲的森林里，她抓住每一次可以果腹的机会才活下来。50年后在美国，我们只吃喜欢的食物。橱柜中装满我们心血来潮买的食品、过分昂贵的食品或我们根本不吃的东西，一旦过期就被我们毫不眨眼地扔掉。我们无须再为吃而忧虑。没有外婆，我们不可能享受这样的生活。她自己却始终无法摆脱忧惧。

从小到大，我们几个兄弟一直认为外婆是世上最好的厨师。她把菜端上桌，我们吃下第一口和最后一口时，都会惊呼："您是世上最好的厨师！"尽管作为世故的孩子，我们知道世上最好的厨师大概不止会做一道菜（胡萝卜炖鸡），而且肯定不止使用两种食材。

我们为什么从没怀疑过外婆的话呢？比如深色食物比浅色食物健康，比如果皮和面包皮营养最丰富（周末的三明治通常是用裸麦面包的皮做成的）。她还告诉我们，比我们体形大的动物对身体最好，比我们小的动物也不错，鱼（不算动物）也还凑合，其次是金枪鱼（不算鱼），再次是蔬菜、水果、蛋糕、饼干和汽水。没有什么食物是不好的。脂肪很健康——任何脂肪，任何时候，任何分量。糖非常健康。小孩越胖越健康，尤其是男孩。午饭不是一顿，而是三顿——11点、12点半和下午3点各吃一顿。人永远也吃不饱。

她的胡萝卜炖鸡可能的确是我吃过的最美味的食物，但这与做法甚至味道都无关，而是因为我们对它的美味深信不疑。我们对外婆厨艺的信任，不亚于对上帝的信仰。在家族传说中，她便以高超的厨艺闻名，这跟我那从未谋面的外公的狡黠，还有我父母婚姻中唯一的一次争吵一样，是家人经久不衰的谈资。我们离不开这些家族故事，正是它们定义了我们。我们这一大家子明智地选择了奋斗、靠机智摆脱困境以及热爱女性长辈的厨艺。

从前，有一个人，生活美满，这就没有故事可讲。而外婆一生中的故事比我认识的其他所有人都要丰富多彩——她世外桃源般的童年，她死里逃生的战时青春，她失去的种种，她移民异乡的经历及付出的代价，她融入异国文化过程中的喜怒哀乐——我深知自己有一天会把这些全部讲给我的孩子听，但家人之间却几乎从不提起。我们也从不用其他她当之无愧的头衔称呼她，我们只会叫她"最好的厨师"。

也许因为某些往事太过沉重，也许她更青睐其中的某些人生故事，她希望自己是施与者而非幸存者。或许这两者自有其关联：她一生所有的故事都与食物有关。对她来说，食物不仅仅是食物，还意味着恐惧、尊严、感恩、复仇、喜悦、耻辱、宗教、历史，当然还有爱。她用来喂养我们的，是从家谱树上受损的枝头长出的果实。

一切又有了可能

在我得知自己将为人父时，心中涌起一些莫名的冲动。我开始收拾屋子，换掉早就坏了的灯泡，擦窗户，填各种表格。我调好了眼镜，买了一打白袜子，给车顶装上置物架，给后座加装"宠/货物隔板"，五年来第一次做了体检，并决定写一本关于吃肉的书。

尽管初为人父是促成这本书的直接动因，但我多年来一直在为此做准备。我两岁时，睡前故事的主角都是动物。4岁那年夏天，我们临时帮忙照看亲戚家的狗。我踹了它一脚。父亲教育我不应该踢动物。7岁时，我为死去的金鱼哀悼。父亲将它扔进马桶冲走，我告诉他不应当将动物冲进马桶——当然用语更委婉。9岁时，我们遇到一个不想伤害任何生命的保姆。我问她为什么不跟我们一块儿吃鸡肉，她就是这么说的："我不想伤害任何生命。"

"伤害任何生命？"我不解。

"你知道鸡肉来自活生生的鸡，对吧？"

哥哥弗兰克给我使了个眼色：爸妈就把宝贝儿子托付给这样一个傻大姐？

她无意说服我们变成素食主义者——讨论肉类的话题令人紧张，并非所有素食主义者都乐意充当说客——但她还是青少年，不像成人那样知道该在何时打住。她没有小题大做，只是不加掩饰地分享她的看法。

哥哥和我嘴里塞满被伤害的鸡，面面相觑，惊觉为何我们从没意识到这点，也从来没有人告诉过我们这些。我放下叉子。哥哥接着吃完了那盘鸡肉。在我打字这会儿，他可能正在享用鸡肉呢。

我觉得保姆的话有道理，因为她说的是事实，而且与父母教我的一切其实是一致的，只不过延伸到了食物上。我们不会伤害家人。我们不会伤害朋友或陌生人。我们甚至不会破坏软垫沙发。我从没想到过不要伤害动物，然而它们不该是例外。当时我只是个无知的孩子。后来我长大成人，决定改变。

可我没做到。我的素食主义计划一开始高调坚定地持续了几年，逐渐倦怠，最后无疾而终。我一直没想出该如何回应保姆的观点，只好试图模糊、削弱和消除这段记忆。总的来看，我没有造成伤害。

总的来看，我一直在努力做正确的事。总的来看，我的良心足够清白。把那盘鸡肉递过来，我饿坏了。

马克·吐温说戒烟再容易不过，他经常戒烟。我想吃素也同样容易。高中时我无数次成为素食主义者，主要是因为其他人似乎毫不费力地找到了自我定位，所以我试图将自己标榜为素食主义者。我想在妈妈的沃尔沃车保险杠上贴上醒目的标签，我想找个组织烘焙义卖的理由，用课间休息的半个钟头满足自己的虚荣心，借此接近那些宣扬素食主义的大胸女孩。（我一直认为伤害动物是不对的。）但我并没有完全放弃吃肉。我只是不在公共场合吃。私下里我摇摆不定。那些年，每顿晚饭开始前父亲都会问："今晚你有什么饮食禁忌吗？"

上大学后，我开始更痛快地吃肉。我并非对此"坚信不疑"——无论这到底意味着什么——而是刻意不想这些问题。当时我并不急于找到自我身份定位。身边没有人知道我曾是素食主义者，所以我不必在人前装模作样，也无须向任何人解释我的转变。或许因为校园里正流行素食主义，反而令我打退堂鼓——就像看到街头音乐家面前的盒子满满当当时，就没那么愿意往里投钱了。

念完大二，我进入哲学专业，第一次自命不凡地进行严肃思考，我再度成为素食主义者。我努力过上智性的生活，这不允许我再刻意回避吃肉问题。我认为生活能够、应当并且必须严格遵循理性。不难想象我当时多么纠结。

直到毕业后两年，我仍在吃肉——各种各样的肉。为什么？因为肉太好吃了。此外，理性对生活习惯的影响微乎其微，我们总能编造出各种借口原谅自己。

随后我经人介绍认识了一个女孩，她后来成为我的妻子。相识短短数周，我们便开始讨论两个出人意料的话题：结婚和素食主义。

在吃肉这件事上，她跟我的经历如出一辙：每天夜里躺在床上时信念坚定，第二天早餐时又是另一回事。尽管偶尔被短暂而强烈的罪恶感折磨，但很快又说服自己，因为这个议题太过复杂，而且人非圣贤孰能无过。跟我一样，直觉告诉她应该吃素，但显然这种直觉还不够强烈。

人们结婚的理由五花八门，促使我们下定决心的是，婚姻标志着崭新的开始。这一象征意义在犹太教仪式中被大大强化，最典型的就是婚礼最后踩碎玻璃的环节。往者不可谏，来者犹可追。一切会更好。我们会更好。

听起来很好，但究竟怎样变得更好？我能想出无数种提升自我的方法（比如学习外语、培养耐心、加倍努力工作），但我曾许下太多这类空头誓言，自己都没法再相信。我也能想出无数方法提升"我们"，但两人一致认为亟待改善的要事非常少。看似可行的很多，真正做到的少之又少。

吃素这件我们都曾经尝试而又放弃的事，倒是一个可能的开端。我们在这点上有许多交集，又能交流出许多新想法。就在我们订婚的那一周，我们再次开始吃素。

当然我们的婚宴提供的并非全素食，我们总觉得只有用动物蛋白招待，才对得起那些远道而来的宾客。（这个逻辑是不是有点儿牵强？）在日本度蜜月时，我们也忍不住入乡随俗地吃鱼……回到新家后，汉堡、鸡汤、熏三文鱼或金枪鱼仍会不时出现在餐桌上，但我们只是在实在想吃时偶尔为之。

我觉得这就差不多了，我们的做法无可厚非。虽然偶尔破戒，但对得起良心，我感觉我们以后会一直这样。生活中其他道德领域也不是没有矛盾，就像诚实的人偶尔也会撒谎，谨慎的人偶尔也会草率。吃饭这件事上为何不可呢？我们是素食主义者，偶尔也吃肉。

我抗拒吃肉或许与残存的童年记忆有关——深究之下，我没法对动物无动于衷。我那时对动物并没有清晰的概念，更不知道它们是如何被养殖和宰杀的。吃肉让我心里不安，但不代表别人应该这样，甚至我自己也没必要这样。这些复杂的思绪，我并不急于理清。

直到我们决心为人父母，因为这意味着一个新故事的开端。

儿子出生半小时后，我走进等候室向家人宣布这个好消息。

"是个男孩？"
"取名了吗？"
"长得像谁？"
"告诉我们所有细节！"

我尽快答完所有问题，然后躲到角落里给外婆打电话。
"外婆，我们的宝宝出生了。"
她家里唯一的电话在厨房。一声铃响后她就拿起了话筒，她肯定是坐在桌边等着我的电话。当时已过午夜。等电话的她在做什么呢？是不是在剪优惠券？还是在准备将处理好的鸡肉与胡萝卜冻上，以后款待客人？我从没见她哭过，但当她问"宝宝多重"时，声音哽咽。

出院回家几天之后，我给一个朋友写了封信，谈到初为人父的感受，并附上一张儿子的照片。朋友的回信只有一句话："一切又有了可能。"再合适不过的回复，正是我当时的感受。我们将能重述自己的人生故事，将其变得更好、更典型或更激励人心。我们甚至可以讲述一个全新的故事。世界焕然一新。

吃动物

作为还不会说话，也没有理性的婴儿，儿子的第一个欲望便是吃。一出生他就喝了母乳。我看着这一幕，心头涌上前所未有的惊叹。无须指导和经验，他天生就知道该怎么做。数百万年的进化赋予了人类这种能力，就像婴儿小小的心脏天生会跳动，脆弱的肺天生会张缩。

我第一次意识到这一幕的伟大，正是它将我们一代又一代人联系在一起。我眼前浮现出家谱树上的年轮：父母看着我吃奶，外婆看着我母亲吃奶，外曾祖父母看着我外婆吃奶……儿子吃奶的模样大概与史前时期的婴儿并无二致。

随着儿子日渐成长，这本书开始成形。他的一切活动似乎都与吃有关：吃奶，吃饱睡觉，饿醒哭闹，喂饱吐奶。本书完成之际，他已经能进行复杂的对话，不仅能够消化食物，还能一并消化我们给他讲的故事。喂养孩子与喂饱自己是两回事：前者重要得多。食物很重要（身体健康和享受食物的快乐都很重要），餐桌上的故事也很关键。这些故事将一家人联结在一起，也将不同的家庭联结起来。关于食物的故事就是关于我们自己的故事，反映出我们的历史与价值。我家的犹太传统让我明白了食物有双重意义：它提供身体所需的营养，同时编织我们的回忆。食物与其背后的故事不可分离——就像盐水与眼泪，蜂蜜与甜蜜，逾越节无酵饼与犹太人痛苦的记忆。*

地球上可食用的东西成千上万，我们为何只选择其中一小部分作为食物，这绝非一两句话能解释。比如，为何盘子里的欧芹只能用作装饰，为何早餐不能吃意面，为何吃禽类的翅膀而不吃眼睛，为何吃牛肉而不吃狗肉。食物背后的故事塑造了我们的日常观念，确立了我们的饮食规则。

在好些时候，我将这些故事彻底抛在脑后。我只管尽情享受食物，尤其是美味、天然、合理、健康的那些——这不是理所当然吗？但我不想成为这样粗疏的父母。

起初我并没打算写一本书。我只是想——为了自己和家人——弄清我们吃的肉到底是什么。我想了解得尽可能详细。它们从哪儿来？如何被生产的？那些动物处境如何，与我们有何关系？人类吃动物有哪些经济、社会和环境的影响？但不久之后，我感到这不再是我个人的事。身为一个父亲，在寻找答案的过程中发现的事实，作为公民我无法充耳不闻，作为作家我必须公之于众。但直面事实，跟负责任地将这些问题写出来又是两码事。

我希望尽可能全面地探讨这些问题。美国多达99%的食用肉都来自"工业化农场"[2]——我会在后文用大量笔墨解释其中的意义，以及对我们的影响——余下那1%的动物农产品的来源也是故事的重

---

* 犹太人过逾越节时，以蔬菜蘸盐水寓意不忘祖先的泪水，以无酵饼纪念摩西率领族人出埃及的艰辛。苹果蘸蜂蜜则是新年的传统食物，象征来年生活甜蜜。

要组成部分。对家庭农场的讨论占据了本书很大篇幅，反映出它们在我心目中有多重要，同时也反映出饮食规则有多么不重要。

说实话（冒着让读者在本书的第 12 页就对我失去信任的风险），在开始调查之前，我以为自己对这方面已经有相当了解——不是说了解全部细节，而是有大致概念。很多人可能都对这个话题有所假设。每次我跟人说起我在写一本关于"吃动物"的书，哪怕是对我的观点一无所知的人，都会默认我的目的是劝人吃素。这种普遍态度恰恰反映了大多数人其实心中有数，对动物养殖业的深入了解有可能动摇我们吃肉的积习。（你看到书名时的第一反应是什么呢？）

我一度也以为这会是一本宣扬素食主义的书，结果并非如此。素食主义当然值得探讨，但这不是本书的重点。

动物养殖是一个异常复杂的议题。每只动物、每个物种、每家农场、每位农夫和每个食客都不尽相同。堆积如山的研究资料——阅读、采访、观察结果——只是严肃思考的起点，我不禁怀疑在这个庞大多样的话题上，我能否写出条理清晰、意义深远的内容。也许不应该说"肉"，而应当说——在某农场养殖、某屠宰场宰杀、出现在某人餐桌上的某只动物——但支离破碎的过程令我们难以拼凑出全貌。

吃动物这个话题与堕胎一样，关键概念往往难以定义（胚胎到底从哪一刻开始是完整的人？动物到底能够体会到哪些感觉？），而正是这些令人困扰的细节让我们深感不安，一旦谈及，不是满怀戒心的辩解，就是咄咄逼人的攻击。这是一个不好把握的话题，容易引起共鸣，也容易令人沮丧。每个问题往往会引发新的问题，你很容易发现自己的立场远比平时激进，或者更糟：你变得毫无立场。

区分个人感受与事实也并非易事。很多时候，人们在讨论吃动物时列举的根本不是客观事实，而是个人看法。只有了解实际情况——我们吃了多少猪肉，水产养殖破坏了多少红树林沼泽，牛是如何被宰杀的，我们才能找到相应的解决方法。宰杀动物是否有悖道德？其公共意义与合法性如何？是否交由每个人自己消化判断就好？

本书建立在大量研究的基础之上，力求像新闻报道那样客观——我尽可能选择最保守可靠的数据（基本来自政府数据、经同行评审的学术或业界文献），并请了两位专业人士审核。但我更想把这本书定位为一个故事。书中有大量数据，但数字不仅空洞单薄，还易受操纵。事实至关重要，但事实不会自己提供意义，尤其是当它们受限于语言表达时。鸡对于疼痛的确切感受是什么？它会觉得疼吗？它如何理解疼痛？无论我们的研究多么深入，对于它们疼痛持续的时间、引起的症状等，始终不会得到确切答案。但若将事实融入故事，无论是支配者的视角还是同情者的叙述，或是两者的结合，由此思考我们生活的环境、我们是什么样的人、我们想成为什么样的人，关于吃动物的讨论才有意义。

我们的人生是由故事构成的。我常常想起周六午后的外婆家厨房，只有我和她坐在餐桌前，烤着黑麦面包的烤吐司机闪闪发光，贴满家人照片的冰箱嗡嗡作响。我吃着面包皮，喝着可乐，听她讲述逃离欧洲的往事，那些为了求生不得不吃的食物和始终不会吃的东西。那是她一生的故事。她会恳切地看着我："听我说。"我明白她想告诉我的很重要，即便我还是个孩子，无法理解其中的深刻意义。

现在我理解了。或许故事细节有所出入，但我一直努力将外婆的教诲传递给儿子。这本书就是一次真诚的尝试。刚开始动笔时，由于思绪过于纷杂，我感到忐忑不安。姑且不提美国每年屠杀数百亿陆生动物作为食物，也不谈环境和劳工的现状，乃至全球饥荒、流感疫情、生物多样性等议题，我们仍然会面对如何理解自身以及与其他生命之间关系的问题。我们不仅是故事的讲述者，我们就是故事本身。如果我与妻子将儿子养育成素食主义者，他就无法品尝曾外婆唯一的拿手菜，无法体会到她独有的、最直接的爱的表达，也绝不会认为她是"世上最好的厨师"。外婆的人生故事，乃至我们家族的故事都将被改写。

外婆看到我儿子的第一句话是："这下扯平了。"在千言万语中，她偏偏选择了这句话，或者说，除此之外，她还能说什么呢？

听我说

"我们家并不富有，但至少衣食无忧。周四我们会烤面包，做辫子面包和面包卷，分量足够我们吃上一个星期。周五我们常常吃煎薄饼。安息日总是吃鸡肉和汤面。去肉店时我们会多要些肥肉，越肥的肉越好。那会儿跟现在的观念可不一样。家里没有冰箱，但有牛奶和奶酪。不是每种蔬菜都吃得到，但也够丰富了。没有现在这些随处可见的食物，但我们过得快乐知足。跟现在的人一样，我们也觉得那会儿拥有的一切都是理所当然的。

"然后一切都变了。战争期间的生活如同地狱，我一无所有。我与家人失散，日夜不停地逃难，德军就在身后，一旦停下脚步就会没命。当时食物紧缺，我因为挨饿日渐虚弱，最后瘦得只剩下皮包骨，而且全身酸痛，无法动弹。垃圾桶里的食物我也不介意。其他人不吃的东西我吃。只有这样我才能活下来。我找到什么就吃什么，很多我现在都不好意思告诉你。

"即使在最坏的年代也有好人。有人教我绑紧裤腿，这样就能在裤管里塞满偷来的土豆。我就那样走了好几英里 *，寄希望于再次交上好运。还有一次有人给了我一点儿大米，我走了整整两天去一个市场换到一块肥皂，然后又走去另一个市场将肥皂换成豆子。运气与本能是生存的法宝。

"最糟糕的是战争快结束的那段日子。很多人就是在那会儿死的，我也不知道自己能挨到哪天。一个俄罗斯农民——上帝保佑他——看到我的样子后，进屋拿了一块肉给我。"

"他救了你的命。"

"我没有吃那块肉。"

"你没吃？"

"那是块猪肉。我不吃猪肉。"

"为什么？"

"这还用问？"

"就因为那不符合犹太教规？"

"当然了。"

"即使是为了救命也不行？"

"如果不守任何原则，那这条命也不值得救。"

---

* 　1 英里约为 1609 米。

孩子的启发

现代化捕捞使用的钓鱼线长达 120 千米——相当于从海平面到太空的距离。[1]

1

乔治

26 岁以前，我不喜欢动物，觉得它们又烦又脏，不好接近且难以预测，完全是累赘。我尤其不喜欢狗——很可能是遗传了我妈的怕狗基因，她的恐惧则承袭自外婆。小时候去朋友家玩，我总会要求他们把狗关到另一个房间。在公园里遇见狗，我会吓得发抖，爸爸不得不把我扛到肩上。我不看关于狗的电视节目。我完全不能理解人们对狗的热爱，甚至对牵导盲犬的盲人都略有微词。

直到有一天，我开始喜欢上狗，从此成为爱狗一族。

乔治是突然出现在我生命里的。我和妻子从没想过养狗，更别提主动去找只狗了。（为什么要养狗？我不喜欢狗。）然而在一个普通的周六，生活却翻开了新的一页。我和妻子在家附近沿布鲁克林区第七大道散步时，发现一只黑色小狗趴在路边，蜷缩在一件"请领养我"的背心里，身形就像一个问号。我从来不信什么一见钟情，却一眼就喜欢上了这家伙，仿佛命中注定。尽管我当时根本不敢碰它。

收养这只小狗是我做过的最不可思议的决定，但它那么可爱，再铁石心肠的人也没法抗拒。世上有各种各样美好的事物，但人对动物的爱如此独特。大狗、小狗、长毛狗、短毛狗、爱打呼噜的圣伯纳犬、呼哧喘气的巴哥、一身褶子的沙皮狗、满脸忧伤的巴吉度猎犬——每种狗都能俘获人心。观鸟爱好者会在寒冷的清晨观察天空，寻找小鸟的身影。爱猫人士对猫远比对人感兴趣。童书里少不了兔子、老鼠、熊和毛毛虫，也不乏蜘蛛、蟋蟀和鳄鱼。毛绒玩具一律是动物形象。再狂热的集邮爱好者对邮票的爱，与人类对动物的爱也不尽相同。

我们把那只小狗带回了家。我给了它——她——一个隔空拥抱。渐渐地，它——她——的温顺让我不再担心被咬掉手指，我开始用手掌给她喂食，允许她舔我的手，又过了一阵终于让她舔我的脸。现在，我爱所有的狗，因此过上幸福快乐的生活。

63% 的美国家庭养过宠物。[2] 这一数字令人吃惊，这是伴随中产阶级兴起和城市化发展才出现的新趋势。可能因为只有这样，人才能接触到动物，也可能养宠物是富有的象征（美国人平均每年为宠物花费高达 340 亿美元）。[3] 牛津历史学家基思·托马斯爵士在经典著作《人类与自然世界》中写道：

> 现代初期，城市中产阶级流行养宠物，有其真实的社会、心理当然也包括商业的重要性。此外，它还有知识内涵。它促使中产阶级对动物智力得出乐观的结论，有关动物睿智的趣事不胜枚举；它激发人们产生动物也有性格与个性的观念；而且打下一个心理基础：或许至少某些动物有资格享受道德关怀。[4]

我不敢说乔治向我展现了"智慧"。除了几项基本需求，我一点儿也不懂她在想什么。(尽管我敢肯定她脑袋里一定有许多其他想法。)我常笑她傻,又常惊讶于她的聪明。我们之间的差别永远多过相似之处。

乔治并不是天真无邪的小动物,一天到晚只想着爱与被爱。相反,很多时候她都让我头疼。她喜欢在客人面前表现自己,咬我的鞋,啃我儿子的玩具,疯狂地追杀松鼠,神奇地出现在我拍的每一张照片里,挡住我想拍的东西。她的爱好还包括猛冲向玩滑板的人和哈西德派犹太人,骚扰经期女性(她是经期哈西德女性最可怕的噩梦*),冲房间里最不想搭理她的人放屁,刨出刚种下的植物,抓挠新买的东西,舔正要端上桌的食物,偶尔(不知为何)不满时,在家中拉屎。

我百般尝试与她沟通,了解彼此的需求,以求和平相处,但在此过程中体会到我们之间的巨大差异。乔治只对一小部分词有回应(故意对一大部分置之不理),我们的关系几乎完全不依靠语言。她有自己的想法和感情,有时我能理解,但更多时候我毫无头绪。她就像一位画中人,我只能看到却无法知道她的所想所感。她是一团谜。我对她来说一定也是如此。

昨晚,我正埋头看书,无意中抬起头发现乔治在房间另一头盯着我。我问她:"你什么时候进来的?"她垂下眼睛,缓缓走开,退到走廊上——这一家庭生活的小片段,给人留出想象的空间。日常生活中我和她有固定的相处模式,比我与其他人的互动更规律,但她有时仍会出乎我的意料。尽管我们十分亲密,但我偶尔也会被她

---

* 哈西德派是犹太教中的极端正统教派,女性以作风保守著称。

吓到，甚至对她感到陌生。有孩子之后，情况更加复杂，我们无法百分之百确信她不会伤到小宝宝。

我们之间的差别足够写一本书了，但是跟我一样，乔治也害怕痛苦，寻求快乐，除了吃和玩，还需要陪伴。不必了解细节，我也知道她有自己的情绪。我们的心理状态大不相同，但我们对世界的看法、处理信息和感受世界的方式都与生俱来，独一无二。

我永远不会吃乔治，因为她是我的狗。那为什么我也不会吃素未谋面的狗？更进一步，既然我不吃狗，那吃其他动物的理由何在？

从吃狗说起

尽管吃狗肉在美国的 44 个州并不违法，但吃"人类最好的朋友"就像真的吃掉挚友一样，是个禁忌。最狂热的肉食爱好者也绝不会吃狗肉。电视明星兼厨师戈登·拉姆齐为了推销产品，会在小动物面前磨刀霍霍以展现男性气概，但我们永远不会看到小狗出现在他的锅里。他说过，要是自己的孩子变成素食主义者，他肯定会电死他们。[5] 我很想知道，如果孩子把家里的狗煮了，他会做何反应。

狗很了不起，在很多方面独一无二。但与其他动物相比，它们的智力和感受能力不见得有多出众。猪就毫不逊色，虽然它们不会像狗那样跳进汽车后座，但也会捡球、奔跑、玩耍和淘气，会给人情感上的回应。猪为什么就不能蜷在壁炉前取暖？为什么不能摆脱被架在火上烤的命运？

吃狗的禁忌反映了狗的特殊，也透露了我们自身的一些特点。

法国人爱狗，但有时会吃马。

西班牙人爱马，但有时会吃牛。

印度人爱牛，但有时会吃狗。[6]

乔治·奥威尔曾在《动物农场》中讽刺道（尽管背景很不同）："所有动物一律平等，但有些动物比其他动物更平等。"他强调我们保护狗并非源于自然法则，而是源于我们对自然的演绎。

这样做有没有道理？究竟有什么理由将狗排除在菜单之外呢？部分常见回答如下：

我们不应该吃宠物。可是狗在有些地方不是宠物。如果不养宠物的邻居吃狗肉，我们是否有权抗议呢？

接下来是：

我们不应该吃"高智商"动物。如果"高智商"指的是狗，那的确该饶过它一命，但猪、牛、鸡和很多海洋动物都可归入此列。大脑严重受损的人反倒不符合这项描述。

然后是：

禁忌之所以成为禁忌自有道理，就像不要碰脏东西，不要乱伦，不要吃宠物。从进化角度看，成为禁忌的是对我们有害的事物。但吃狗肉在很多地方从来不是禁忌，也没造成什么严重后果。烹饪的狗肉跟其他肉类一样健康、有营养，能够顺利地被我们的身体吸收。

吃狗肉有着悠久的历史。4世纪的墓穴中就描绘了狗和其他动物一起被屠宰以供食用的场景。[7]这一饮食习惯甚至影响了语言：韩语中形容"美好"的汉字"妍"，原意为"如同狗肉一般美味"。[8]希波克拉底盛赞狗肉是能量之源。古罗马人喜食"哺乳期的幼犬"，[9]达科他印第安人以前会吃狗的肝脏，[10]夏威夷人直到近代仍在食用狗脑和狗血。[11]墨西哥无毛犬是阿兹特克人的主要食物来源。[12]库克船长吃狗。[13] 探险家罗尔德·阿蒙森吃雪橇犬的故事广为流传（他当时显然饿坏了）。菲律宾人至今认为吃狗肉能驱除厄运。[14] 中国人和韩国人视狗肉为补品。[15] 尼日利亚人认为吃狗肉能壮阳。[16] 在世界上许多地方，狗肉都因为味道鲜美而广受欢迎。历史上，中国也曾培育一些特定的品种作为肉狗，例如松狮犬。[17] 很多欧洲国家也出台了可食用狗肉的质检标准。[18]

当然，有吃狗肉的传统，并不意味着如今这么做就理所当然。实际上，不同于精心养殖以供食用的动物，狗到处都是。每年有三四百万只猫狗被安乐死，相当于浪费了数百万千克的肉。[19] 随意处置安乐死犬只造成了严重的生态和经济问题。狗主人舍不得吃自己饲养的宠物，但食用流浪狗、无人领养的狗、行为不端的狗却可以说是一举两得。

从某种角度来说，我们已经在这么做了。如今十分普遍的化制处理*，就是把不适合人类食用的动物蛋白转变成牲口和宠物的食物，大量死去的动物就此成为食物链上的一环。在美国，每年有数百万只安乐死的猫狗成为我们的食物的饲料（安乐死的猫狗数量是被领养的猫狗数量的两倍）。[20] 所以不如索性省去这个诡异的中间环节。

这不会让我们沦为野蛮人。它们不会遭受不必要的折磨。传统的屠宰方式多为吊死、烫死或活活打死，据说由此产生的肾上腺素会让肉质更美味，但我们会用快速无痛的方式杀死它们。夏威夷人的传统做法——捂住狗鼻将其闷死，保留全部血液——万万不可取（即便不违法，也该遭唾弃）。或许可以把狗纳入《人道屠杀条例》。

---

* 一种工业方法，利用高温高压对动物尸体进行无害化处理，以便再加工利用。

当然，和其他动物一样，条例不会管它的生前境遇，也不要求任何强制性监管，我们只需信赖这个行业"自律"就好。

全球有数十亿杂食者，吃土豆时必须搭配肉，喂饱他们是一项极其艰巨的任务。狗肉的巨大浪费足以令环保主义者汗颜，尤其是想到但凡人口集中的地方都有狗（呼吁吃本地食品的人一定注意到了）。那些动物救助机构都是伪君子，耗费大量金钱与精力为狗结扎以减少流浪狗的数量，同时又不负责任地巩固不吃狗肉的禁忌。如果能把狗当作普通动物对待，不干涉它们的繁衍，那么我们无须耗费多少资源便能拥有大量稳定的本地肉食来源，任何低能耗的绿色农场都无法企及。从生态角度考虑，也是时候承认，狗肉是最现实的环保食物了。

别再感情用事了。狗多得数不清，健康营养，容易烹饪，味道鲜美。与其将它们制成蛋白质混入饲料喂给家禽家畜，我们直接吃掉更合理，还能省去不少麻烦。

被以上论点说服的读者，这里有一道菲律宾食谱。我还没有尝试，但看起来就很美味。

婚宴式炖狗肉

首先，杀一只中等大小的狗，用火燎去皮毛，趁热小心去皮，放一旁备用（以上步骤也适用于其他狗肉食谱）。将肉切成2.5厘米见方的小块，在醋、黑胡椒、盐和大蒜混合而成的酱汁中浸泡2小时。入味后用大火翻炒肉块，加入洋葱和菠萝块，炒至肉质变软。倒入番茄酱和烧开的水，加入青椒、香叶和塔巴斯科辣椒酱。加盖，小火炖煮，直到肉块完全软烂。放入狗肝，再煮 5 到 7 分钟。[21]

天文爱好者都知道一个小窍门：如果你看不清某个物体，就将视线稍稍往旁边移动。眼睛对光最敏感的部分（正是它帮助我们看清暗处的物体）其实在对焦区域的边缘。

吃动物这个话题就像一个模糊的物体。用狗代入其他动物的境遇，有助于我们审视平时看不清的东西。

2

朋友和敌人

狗和鱼不像同类，倒是跟猫、儿童、消防员关系密切。我们与狗分享食物和床铺，带它们旅行、看医生，为它们的快乐而欢笑，为它们的死亡而痛哭。鱼不是在鱼缸里，就是在盘子里，丝毫不能引起我们的关注。或许因为生活的空间不同，或许因为它们不能开口说话。

狗和鱼之间的差异乍一看太明显了。鱼种类繁多，超乎想象，当我们说"鱼"时，泛指海洋中超过 31000 种的生物。[22] 而我们说"狗"时往往有一个明确对象，通常还有名字，比如乔治。据统计，95%的男主人会跟自己的狗说话，我也是其中一员。87%的男主人甚至认为他们的狗能与自己交谈。[23] 但我们没法想象一条鱼的感受，也无心去想。鱼能够精准地调节身体来适应水压变化，接收其他海洋生物释放的多种信号，探测到远在 20 千米外的声音。[24] 狗就在我们身边，在客厅盖下一串脏爪印，趴在桌子下打呼噜。鱼是异类，沉默寡言，面无表情，缺胳膊少腿，死鱼眼。在《圣经》中，鱼与人并非同一天创造。根据进化论，鱼类不幸过早停止了进化，与人有着天壤之别。

历史上，渔夫借助鱼钩和钓线，仅凭一己之力便能捕到金枪鱼——这是美国人餐桌上最常见的鱼。上钩的金枪鱼会流血而死或淹死（鱼在水中无法动弹时同样会淹死），然后被拖进船舱。大型鱼类（除金枪鱼外，还有剑鱼、旗鱼等）上钩后不会立刻死亡，往往会拖着受伤的躯体挣扎数小时甚至数天。这些鱼体积庞大，两三个人合力才能制服。[25] 待它们逐渐失去体力，靠近船身，渔夫会将一种特制鱼叉刺入它们的身体两侧、鱼鳍甚至眼睛，很血腥，但能高效地将鱼拖上甲板。还有人声称将鱼叉刺入脊椎更有效。联合国渔业手册推荐"最好将鱼叉刺入头部"。[26]

过去，渔夫费尽心思才能追踪到金枪鱼群，接着搬出鱼竿、钓线和鱼叉，一只一只地捕捞，相当耗费体力。[27] 如今，我们餐盘中的金枪鱼基本告别了传统工具，全靠两种现代工具捕获：围网和延绳。我想弄清市场上常见海鲜的捕捞技术，所以研究方向最后变成捕捉金枪鱼的主要方式——我会在后文详细描述。在这之前，我再多说几句。

互联网上充斥着捕鱼的影像片段。在糟糕透顶的摇滚乐声中，一些男人把精疲力竭的旗鱼或金枪鱼拖上来，仿佛自己刚刚救了谁的命。要不就是比基尼女郎、孩童和钓鱼新手在用鱼叉捕鱼。这些奇奇怪怪的形式主义钓鱼秀很快被我抛到脑后，但画面中鱼的样子却一直挥之不去，尤其是鱼叉刺入鱼眼的那一刻……

无须多言，相信本书的读者都无法容忍把尖镖叉入任何一只狗的脸。那么，是动物伦理不适用于鱼类，还是我们对狗的关心不够理智？将任何生命慢慢折磨至死，难道不都是残酷的行为吗？

对宠物的亲密，能否让我们重新审视吃进肚子里的动物？同样作为生命，鱼（或牛、猪、鸡）在生物链上和我们究竟有多大差距？是一道鸿沟，还是就一棵树那么远的距离？相近和相异是不是相对的？如果有一天出现一种体力与智力都高于人类的生命，他们是否就能把我们当鱼一样吃掉？

这些问题关乎每年数十亿动物的生死，以及全球最大生态系统的健康，我们却没能认真回答。这类全球性的议题太遥远了。我们更关心眼前的事，其他都很快被遗忘。在饮食上，我们往往还有从众心理。饮食伦理异常复杂，不仅涉及一个人的味蕾和口味，还反映了这个人的人生经历与社会背景。当代西方文化强调尊重个人选择，西方人的伙食可能比其他任何社会更多样。然而，那些声称"我无所谓，我什么都吃"的杂食者，常常比提倡在饮食上对社会负责的人更敏感。一个人的饮食习惯受众多因素影响，理性（甚至道德）从来不是主要因素。

关于吃肉，大众往往两极分化：要么一点儿不吃，要么吃得心安理得；要么态度激进，要么漠不关心。截然相反的立场——以及人们表明立场时的迟疑——正说明这件事的重要性。能不能吃动物，如何吃，触及某些深层的东西：作为人类，我们如何定义自己，我们想如何被定义，从《创世记》到最新的美国农业法案都在探寻答案。吃动物不仅是一个重要的哲学议题，还是一项年产值超过 1400 亿美元的产业，[28] 涉及全 1/3 的土地，[29] 深刻影响着海洋生态系统[30] 和地球未来的气候[31]。我们的讨论却从未触及核心，只在边缘绕圈子，用极端的逻辑模糊了现实问题。我的外婆拒绝为活命而吃猪肉，她的处境当然很极端，但在日常饮食中，我们许多人是不是也陷入了非此即彼的极端？我们可以参考其他道德议题，比如撒谎，是否只有从不说实话和从不说假话两个选项？每当我对别人说我是素食主义者，对方就会指出我偶尔也吃肉作为反驳。（他们似乎比我更在乎我是不是真素食主义者。）

我们需要更好的探讨方式，让吃肉成为公共讨论中心的议题。就像肉类能够出现在餐桌中央那样。讨论不一定要达成共识。无论我们多么坚信自己的判断是对的，也都知道会和坚持不同立场的人发生碰撞。那么我们应当如何面对这一不可避免的现实？放弃对话，还是换个方式再度尝试？

战争

与 50 到 100 年前相比，海洋中金枪鱼、鲨鱼等大型肉食性鱼类的数量减少了 90%。[32] 不少科学家预测，如果以当前的趋势继续捕杀与消费海鲜，那么 50 年内，海洋鱼类生态系统将彻底崩溃。[33] 英属哥伦比亚大学渔业中心的科学家指出，"我们对渔业资源（即鱼类）发起了一场赶尽杀绝的战争。"[34]

在我看来，用战争来形容我们与鱼类的关系绝不为过，这个词精准地刻画出我们对付鱼类所动用的技术、手段以及统治的决心。深入了解养殖业后，我意识到，过去 50 年渔业的剧变只是整个行业的一个截面。我们有意或无意地掀起了一场针对所有可食用动物的战争。这场新型战争有一个响亮的名字：工业化农业。

就像色情行业一样，工业化农业很难定义，但你一眼就能看出来。狭义地说，这是一种采用工业化系统集中养殖动物以求最大产出的方式，养殖的动物成千上万只，它们的基因经过了改造，活动严格受限，吃非天然饲料（往往含有各种药物，比如抗生素）。全球每年工业化养殖的陆生动物约有 500 亿只。[35]（鱼类数量暂无统计数据。）在美国，99% 的肉、鸡蛋和牛奶都来自工业化养殖。[36] 尽管有少数例外，但总的来说，如今讨论的肉就是工业化养殖的产物。

工业化农业的思路是：尽一切可能降低生产成本，哪怕破坏环境、传播疾病或折磨动物也在所不惜。几千年来，农民尊重与顺应自然，如今，工业化农业将自然视为需要克服的障碍。

工业化渔业不完全等同于工业化农业，但情况类似，属于农业变革的一部分，需要一并讨论。水产养殖业（鱼被圈养在养殖场内，定期捕捞）最为典型，即便是野生鱼群也遭到现代技术的围捕。

如今的渔船早已不是《白鲸记》中的模样，更像《星际迷航》中的进取号。船长坐在装满电子设备的房间中监视鱼群，挑选最佳时刻出击，一网打尽。如果发现漏网之鱼，还可以再次撒网。这些渔船不仅能监控附近的鱼群，而且配备有全球定位系统和鱼群吸引装置。监视系统一旦探测到鱼群，能马上通知渔船鱼群的数量与准确位置。[37]

想象一下工业化捕捞的画面——每年有 14 亿鱼钩挂在延绳上放入大海 [38]（每个鱼钩上都有一块充当诱饵的鱼肉、鱿鱼或海豚肉 [39]）；每艘渔船装备有 1200 张围网，每张网长达 30 英里 *，用于捕捞同一种鱼；[40] 一艘渔船能在几分钟内捕获 50 吨海洋生物——现代化渔业与传统渔业有着天壤之别，更像是工业化农场。[41]

---

* 网的长度为拉直后的尺寸。

军用技术已经系统地运用于渔业。[42] 雷达、声呐（用于定位敌军潜水艇）、海军电子导航系统，以及近几十年来飞速发展的卫星定位技术，让捕鱼者能够轻松定位与记录鱼群聚集区域。[43] 此外，卫星生成的海水温度图也被用来追踪鱼群。

工业化农业能成功，前提条件是消费者对食品行业的想象仍停留在过去——渔夫用钓竿钓鱼，农夫熟知农场的每头猪，饲养员看着小火鸡破壳而出，这些场景让我们充满尊敬和信任，却是工业化农场主的噩梦：它们像是一种力量在提醒着世人，如今占据99%的农业生产方式在不久之前还不到1%，反过来，工业化农场目前的统治地位同样可能被翻转。

如何改变？很少有人知道当代肉类和海鲜工业的细节，但很多人都有模糊的概念，至少隐隐感到不安。细节至关重要，但很可能不足以说服大多数人。我们还需要其他东西。

3

羞愧

瓦尔特·本雅明的文学研究涉猎广泛，其中对卡夫卡动物寓言的诠释最为深刻。本雅明认为，羞愧作为一种独特的道德感，是解读卡夫卡的关键。[44] 羞愧是很私密、深藏于内心的感受，同时也具有社会性——在他人面前，羞愧往往格外强烈。在卡夫卡笔下，羞愧是面对看不见的他者——用《审判》中的话说，就是"未知的家人"——时的反应与责任。羞愧是伦理道德的核心体验。

本雅明指出，卡夫卡眼中的未知的家人，或者说祖先，包括动物。

在动物面前，卡夫卡也会脸红，这说明动物也在他的道德关怀范畴内。本雅明还写到，卡夫卡将动物视作"遗忘的容器"——乍一听有点儿让人摸不着头脑。

上面这些文字是为了引出下面的小故事，由卡夫卡的挚友马克斯·布洛德记述。在柏林一家水族馆中，卡夫卡的目光落在一群鱼身上：

> 忽然，他开始跟发光水族箱里的鱼说话。"现在我终于可以平静地看着你们，我已经不再吃你们了。"那时他已决心成为严格的素食主义者。如果不是亲耳听到，很难想象他能那么轻松自在地说出这番话，没有一丝感伤，完全不像平时的他。[45]

是什么让卡夫卡决心吃素？谈到这个话题时他肯定提到过其他动物，布洛德为何用他和鱼的对话来介绍卡夫卡的饮食观呢？

答案或许就藏在本雅明的分析中，即动物与羞愧的关系，以及动物与遗忘之间的联结。羞愧是记忆对遗忘的抵抗。在我们为满足一己短暂欢愉，快要忘掉社会责任和他人期望时，羞愧就会涌上来。对卡夫卡而言，鱼就是遗忘的化身：相比于农场中的陆生动物，它们在人类眼中似乎更微不足道。

在卡夫卡看来，被遗忘的不仅是我们吃下肚的动物，动物的躯体还象征着那些人类想要忘却的部分。当我们想要否认某种天性时，就称之为"动物本能"，进而压抑或隐藏它们。然而，卡夫卡很清楚，有时我们一觉醒来，会发现自己也不过是动物。但我们不觉得这有什么不对。我们不会在鱼面前感到羞愧。鱼的身上有我们的影子——它们也有脊椎、疼痛受体、内啡肽，对疼痛有相似反应，否认这些相似之处,相当于否认了人类身上某些重要的部分。我们遗忘了动物,也就开始遗忘自我。

今天,吃肉的问题不仅关乎我们对其他有感知能力的生命的基本态度,还有我们对自身部分(动物)天性的态度。这不是一场人与动物的战争,而是人与自己的战争。此刻,这场亘古至今的战争的局势前所未有地失衡。如哲学家、社会批评家雅克·德里达所言,这是:

> 一场实力悬殊的战争(局面仍有可能翻转),参战的一方侵犯的不仅是动物的生命,还有人类的同情心,另一方则在为怜悯心奔走疾呼。
>
> 这是一场对怜悯心的战争。这场战争难以溯源,但现今是关键时刻。我们正在经历这一时刻,这一时刻正在渗透我们。反思这场我们发动的战争不仅是出于责任和义务,也是出于必要性,无论喜不喜欢、直接或间接、主动或被动,其结果会影响每一个人……在动物的目光里,我们无处隐遁。[46]

动物无声地捕捉着我们的目光。它们注视着我们,即便我们扭过头去(不关注活生生的动物、我们的餐盘、令人忧心的问题和我们自己),也不能回避。无论改不改变生活方式,我们都在作答。拒绝行动亦是一种行动。

或许是因为天性纯真,又不用承担责任,孩童面对动物的沉默与凝视时,比成年人更自在。或许,至少孩子尚未被牵扯进这场战争。

2007年春天,我与家人在柏林生活了一段时间。好几个下午我们都在水族馆消磨时光，凝视着水族箱，就像卡夫卡当年那样。最吸引我的是海马——长相奇特，像一枚棋子，难怪会成为广受欢迎的动物形象。其实海马并不都是一副模样，有的形似一根吸管，有的则像植物，大小从 2.5 厘米到 28 厘米不等。[47] 我显然不是唯一一个为之着迷的人。（正因为如此，数百万的海马成为水族馆和纪念品生意的牺牲品。[48]）出于某种奇怪的审美，我只顾盯着它们看，忽略了其他很多动物——其他与我们关注的问题联系更紧密的动物。海马是一个极端。

海马比大多数动物更能引发我们的思考，让我们注意到不同生物之间惊人的相似度与差异性。它们能够随周围环境改变身体的颜色，还能够以蜂鸟振翅的频率扇动背鳍。它们没有牙齿和胃，吃下去的食物会被立刻排出，因此需要不断进食。两只眼睛进化得能够各自独立活动，无须转头便能搜寻猎物。它们并非游泳高手，卷入小水流就可能丧命，因此喜欢栖息在海草或珊瑚上，或是相互依附——两只海马尾部相连，成对悠游。海马的求偶过程非常复杂，通常在满月时交配，并发出乐声。它们恪守一夫一妻制。最不可思议的是，由雄性负责孕育后代。公海马"怀孕"后，会分泌液体为受精卵提供营养，"孕期"长达 6 周。公海马"分娩"的场景也令人大开眼界：从育儿囊喷出一团浑浊的液体，仿佛变魔术一般，小海马便腾云驾雾出生了。[49]

我儿子对水族馆一点儿也不感兴趣。我原本以为他会喜欢，但他似乎感到害怕，一直央求回家。或许像我一样，他从海洋生物静默的脸上看到了什么。更有可能他讨厌潮湿幽暗的氛围、水泵发出的噪声、拥挤的人群。我以为只要我们去的次数更多、待的时间更长，他会在某一刻忽然喜欢上这里。可惜事与愿违。

作为熟悉卡夫卡小说的作家，我在水族馆中体会到了某种羞愧。水族箱上映出的不是卡夫卡的脸庞，而是一位以他为偶像，但能力不足、深感羞愧的写作者。作为身在柏林的犹太人，另一层羞愧的阴影笼罩着我。游客和美国人的身份也让我倍感羞愧，因为此前爆出了美国虐待伊拉克战俘事件。最后是生而为人的羞愧：世界上有35种海马，其中20种濒临灭绝。[50] 它们是海产捕捞的附带牺牲品，与营养价值、政治目的、仇恨或冲突都无关，我为人类的任意杀戮感到羞愧。为了金枪鱼罐头（海马是现代金枪鱼捕捞"混获"的上百种海洋生物之一[51]）和冷盘虾（拖网捕虾是海马最大的威胁[52]），漠视它们的死亡，更令我无地自容。我们的国家无比富裕——人们在食物上的支出占比有史以来最低——却以让消费者负担得起的名义，残忍地对待动物，以同样的方式对待狗则是违法的，我为生活在这样的国家感到羞愧。

身为人父进一步唤起我的羞愧感。孩子的问题总能暴露成年人的矛盾与虚伪。为什么要这么做？为什么不那么做？——无穷无尽的为什么需要回答，却常常无法回答。父母只会说，因为大家都这么做，或是编一个故事。无论会不会脸红，内心都感到惭愧。我们希望孩子比我们更完满健全，他们应该得到更加令人满意的答案——这是一种健康的羞愧感。是儿子启发我，并且让我带着羞愧心重新思考吃动物。

在我打字这会儿，乔治就睡在我脚边，蜷成一团，缩在地上的一块光斑里。她的爪子在空中比划，大概梦到奔跑：她是在追一只松鼠，在公园与另一只狗玩耍，还是在游泳呢？我多想钻进她的小脑袋，看看她正在想什么。她偶尔会在梦中发出几声吠叫——有时很大声，会惊醒自己，甚至吵醒我儿子。（她倒是总能接着睡去，我儿子就不那么好哄了。）有时她从梦中醒来，气喘吁吁，跳起来，随即凑到我跟前，冲我的脸呼着热气，与我四目相望。我们之间究竟……是什么？

吃动物词典

畜牧业是全球变暖的首要原因，其影响比全球交通运输还要大 40%。[1]

动物

　　造访农场之前，我花了一年多时间阅读相关材料：农业史、美国农业部资料、业界信息、宣传册、哲学书，以及形形色色涉及吃动物这一主题的书籍。人们对"痛苦""愉悦""残酷"等概念的模糊定义，时常让我困惑。很多时候作者似乎有意如此。语言从来不可信，尤其在谈论吃动物时，文字总是用来误导和遮掩，而不是交流。诸如"小牛肉"等词语，可以让我们忘掉它们是活生生的牛；"放养"一词抚慰了良心不安的人；宣传册上的"快乐"意味着它的反面，包装盒上的"天然"实则言之无物。

　　没有什么比人与动物之间的界限更"自然"了（见本章《物种屏障》部分）。然而，并非所有文化中都有"动物"一词或与之相对应的概念——《圣经》中就没有与英语的"animal"（动物）对应的词。根据字典的定义，人类既是动物，又不是动物。人类当然是动物界中的一员，但我们经常用"动物"来指代除人类以外的其他生命，从猩猩到狗到虾。每种文化、每个人对动物的理解都不同，甚至同一个人心中也可能有好几种理解。

　　动物是什么？人类学家提姆·英格尔德向社会和文化人类学、考古学、生物学、心理学、哲学和神学等多个领域的学者提出这一问题。[2]

答案五花八门，无法达成一致，但有两点重要的共识："首先，我们关于动物性的观念暗含着强烈的情感；其次，客观地审视这些观念能够揭露人类自我认知中的敏感区与盲点。"追问"动物是什么"，或是给孩子讲一个关于小狗或者关于支持动物权益的故事，必定会触及我们对自身的理解，也就是追问"人类是什么？"。[3]

人类中心说

人类是进化的顶峰，是衡量其他动物的尺度，是所有生命的主人。

人类例外论 [4]

不承认其他动物与人类有相似的感受，例如当儿子问我，乔治独自在家时会不会感到孤独，我说："狗是不会感到孤独的。"

拟人论

将人类经验投射到其他动物身上。例如儿子问我乔治会不会感到孤独。

意大利哲学家埃玛纽埃拉·瑟纳米·斯巴达写道：

> 我们必须大胆赋予动物人格，因为我们必须从自身的体验出发，来探寻动物的体验……（拟人论）唯一的"解药"是不断挑战现有定义，以便为我们的疑惑和动物带来的难题提供更准确的答案。[5]

"难题"是什么？我们不能简单地把人类经验投射到动物身上，

我们是（又不是）动物。

层架式鸡笼

拟人论就能让我们想象待在笼子中的滋味吗？

标准的蛋鸡笼，平均每只鸡的笼床面积约为 0.04 平方米——介于这一页书纸和一张 A4 打印纸之间。[6] 笼子通常放在无窗的棚屋中，一个摞一个，通常有 3 到 9 层——日本的世界纪录高达 18 层。[7]

你可以想象自己置身于一部挤得水泄不通的电梯，几乎无法转身，脚都常常落不了地。这还算好的。要知道鸡笼并不平整的，底部的铁丝很容易就划伤脚底。

不久之后，电梯中的人就会开始丧失心智，有人变得暴力，有人开始发狂。由于饥饿和绝望，少数人开始自相残杀。

无法喘息，无法解脱。没有维修人员会来解救你。电梯门只打开一次，在你生命的最后一刻，将你送往一个更可怕的地方（见本章《加工》）。

肉鸡

不是所有鸡都必须忍受层架式鸡笼。单从这点来说，供食用的肉鸡（不同于专门下蛋的蛋鸡）算得上幸运，它们的活动空间或许能有 0.09 平方米。[8]

如果你没在农场工作过，可能会疑惑，不都是鸡吗？其实近半个世纪以来，鸡分成了两种——肉鸡和蛋鸡。尽管统称为鸡，但根据用途进行过基因改造后，两者的身体和新陈代谢截然不同。蛋鸡产蛋（20 世纪 30 年代以来，蛋鸡的产蛋量翻了一番[9]），肉鸡产肉（肉鸡能长到原来的两倍大，且只需花费原先一半的时间，[10] 日均生长速度增加了 3 倍。[11] 鸡的寿命原为 15 到 20 年，但现在的肉鸡普遍只能活 6 周。[12]）

我脑中冒出无数个千奇百怪的问题——在得知有两种鸡的存在之前我从没想到过的问题——例如，那些蛋鸡的雄性后代会怎样？它们无法下蛋，又不被赋予肉的功能，那它们有何用处呢？

什么用都没有。蛋鸡所产的小公鸡——美国一半的蛋鸡，每年约 2.5 亿只——一律被处死。[13]

处死？似乎有必要了解细节。

大多数雄性蛋鸡会被吸入管道，送至电板，执行死刑。[14] 除了被电死，其他死法也一样惨，要么被扔进大型塑料容器，弱小的被踩压到底部，强壮的躺在顶部，全都慢慢窒息而死。[15] 要么被活着送进绞碎机（想象一台木材切削机中塞满小鸡）。[16]

残忍吗？取决于你对残忍的定义（见本章《残忍》）。

牛粪／胡扯*

（1）牛的排泄物（见本章《环境保护主义》）。

（2）虚假言论，例如——

混获

混获也许是胡扯的经典范例，指意外捕获的海洋生物——其实并非"意外"，而是现代捕捞技术的刻意设计。现代渔业旨在用先进

---

* 此处原文为 bullshit，该词有双重含义。

技术取代人力，渔获因此大大增加，大量混获也随之而来。以虾为例，每次捕捞都混有80%至90%的其他海洋生物，不是已经死亡，就是奄奄一息。[17]（捕虾混获导致多个物种濒危。）虾仅占全球海鲜总量的2%，而捕虾混获占到全球混获总量的33%。[18]大多数人对此一无所知，更别提反思了。如果在食品包装上注明，为了捕获盘中的食物，有多少动物白白牺牲呢？印度尼西亚虾的标签上可能要写：每捕获1千克虾，就有26千克海洋生物被杀死，并扔回海里。[19]

再来看看金枪鱼。捕获金枪鱼时常见的附带牺牲品多达145种，[20]包括魔鬼鱼、斑鳐、大鼻真鲨、短尾真鲨、直翅真鲨、高鳍真鲨、长吻真鲨、沙虎鲨、大白鲨、锤头鲨、角鲨、古巴角鲨、大眼长尾鲨、灰鲭鲨、大青鲨、刺鲅、旗鱼、鲣鱼、大西洋马鲛、椭斑马鲛、锯鳞四鳍旗鱼、白色四鳍旗鱼、剑鱼、帆蜥鱼、灰炝弹、颌针鱼、鲳鱼、金鲹、黑长鲳、鳞鳅、大眼方头鲳、刺鲀、纺缍鲕、鲲鱼、石斑鱼、飞鱼、鳕鱼、海马、百慕大舵鱼、月鱼、异鳞蛇鲭、波线鲹、松鲷、鲛鳒鱼、翻车鱼海鳝、舟鲕、直线蛇鲭、多锯鲈、扁鲹、斑眼拟石首鱼、斑尾鲈、红鲉、鲕鱼、鲷鱼、梭子鱼、河豚、红海龟、绿海龟、革龟、玳瑁、肯普氏龟、黄鼻信天翁、地中海鸥、巴岛鹱、黑眉信天翁、大黑背鸥、大鹱、灰脸圆尾鹱、灰风鹱、银鸥、笑鸥、北方皇家信天翁、白顶信天翁、灰鹱、银灰暴风鹱、地中海鹱、黄脚银鸥、小须鲸、塞鲸、长须鲸、海豚、北露脊鲸、领航鲸、座头鲸、喙鲸、虎鲸、鼠海豚、抹香鲸、条纹原海豚、花斑原海豚、长吻原海豚、宽吻海豚和柯氏喙鲸。[21]

想象一盘刚端上桌的寿司。如果把所有因盘中寿司而死的动物都装进来的话，盘子的直径至少得有1.5米。

CAFO（集中型动物养殖）

也叫工业化农场。这一冠冕堂皇的说法并非肉类行业的发明，而是来自美国环境保护署（见本章《环境保护主义》）。保护动物福利的法律法规已经极其宽松，但CAFO对动物造成的伤害依然于法不容。这才有了——

CFE（农场免责法案）

根据这一法案，只要符合行业惯例，任何饲养动物的方式都合法。也就是说，农场主——更准确地说是企业——有权定义何为"残忍"。举个例子，如果整个行业在屠宰动物时都不使用镇静剂，这种做法就自动受到法律保护，更多场景可自行想象。

每个州颁布的农场免责法案，具体内容从令人不安到荒谬绝伦。例如在内华达州，在法案的庇护下，《动物福利法》无权"禁止或干涉动物饲养业的运作，包括家畜和农场动物的饲育、管理、喂食、圈养与运输"。[22] 在内华达州发生的事，就留在内华达州吧。*

这方面的法律专家大卫·沃弗森和玛丽安·萨利文解释说：

> 有些州只对某些方面免责，而非农场的一切运作……俄亥俄州不要求动物有"足够的运动与新鲜空气"，佛蒙特州禁止以"非人道或损坏其身心健康的方式捆绑动物或限制其自由"，但农场动物却被排除在这两项法规之外。我们不难想象俄亥俄州和佛蒙特州的动物面对的是何种境遇。[23]

---

* 这里借用了谚语"What happens in Vegas stays in Vegas"（在拉斯维加斯发生的事，就留在拉斯维加斯吧）。

治愈系食物

儿子出生四周时，有天晚上忽然发起低烧，次日早晨开始呼吸困难。儿科医生让我们赶紧送他去急诊室。他被诊断为呼吸道合胞体病毒感染。成年人感染这种病毒后表现为普通的感冒症状，新生儿却十分危险，甚至可能丧命。我们在儿科重症加护病房待了一周，我和妻子轮流照看，困了就在病床边的轮椅或等待室的躺椅上眯一会儿。

第二天到第五天，我朋友山姆和艾琳诺来探望，带了大量食物，多得根本吃不完：小扁豆沙拉、松露巧克力、烤蔬菜、坚果、莓干、蘑菇烩饭、土豆饼、四季豆、辣玉米片、菰米、燕麦、芒果干、蔬菜意面、辣椒，全是治愈系食物。我们其实可以吃医院食堂或者叫外卖。他们只要来看看，说几句安慰话就够了。但他们带来的这些食物，正是我们需要的小小抚慰。这是我想把这本书献给他们的原因之一。

治愈系食物·续篇

到第六天，我和妻子终于第一次一起走出医院。儿子已经渡过难关，医生说第二天就可以带他回家了。我们心上的石头落地了。儿子睡着以后（岳父母陪在一旁），我们立即乘电梯下楼，重返人间。

外面下着雪。雪花大到不真实，清晰又持久，宛如孩子们的剪纸。我们梦游般沿着第二大道走，漫无目的，随意撞进一家波兰餐厅。雪花落在临街的巨大玻璃窗上，好几秒才融化。我记不清吃了什么，也记不清是否好吃，但那是我人生中最美妙的一顿饭。

残忍

故意造成不必要的痛苦，并且冷漠待之。变得残忍比我们想象中容易。

人们常说自然冷酷无情。农场经营者尤其爱说这句话，试图表明他们是在保护农场动物免受外界疾苦。大自然当然不是郊游的地方，顶级农场中的动物也的确过得比在野外更舒适。但自然并不残忍，野生动物也不会随意杀戮或折磨其他生命。是否残忍取决于我们如何定义残忍，以及我们是选择反对它还是漠视不理。

孤注一掷

外婆的地下室里囤着 60 磅面粉。前不久的一个周末，我在她家下楼拿可乐时，发现墙边堆着一排麻袋，就像河边的防洪沙袋。一个 90 岁的老妇人为何需要这么多面粉？还有几打两升装的可乐、成堆的大米，冰柜里也塞满了裸麦面包。

我走回厨房，说道："我看到地下室有成堆面粉。"

"60 磅。"

我无法分辨她的语气是骄傲、挑衅还是羞愧。

"我能问为什么吗？"

她打开橱柜，拿出一沓优惠券，上边印着面粉买一赠一。

"您从哪儿弄来这么多优惠券？"

"小菜一碟。"

"您要这么多面粉做什么？"

"做饼干。"

外婆不会开车，不知道她怎么把这么多袋面粉从超市搬回家的。可能像平时那样有人送她吧，但整整 60 袋面粉，她是一趟搬完，还是说不止一趟？我了解外婆，她大概事先计算好了，每次最多能往车里装多少袋面粉而不太给司机添麻烦。她会算出需要多少帮手，接着一个个联系朋友，让每人帮忙送一趟，一天就能搬完。这就是她所说的机智吗？她无数次告诉我们，是运气和机智帮她逃过了纳粹大屠杀。

我也曾多次协助外婆完成囤粮任务。记得有一次，超市燕麦麸打折，每人限购 3 盒。外婆买了 3 盒后，又派哥哥和我各去买了 3 盒，她就在门口等着我们。不知当时收银员会怎么想？一个 5 岁男孩用优惠券买那么多盒燕麦麸，就算饿坏了的人也吃不完。一小时后，我们回到超市，故伎重施。

地下室的面粉谜团重重。如果全做成饼干，外婆是想分给多少人吃？做那么多饼干需要的 1400 盒鸡蛋又在哪儿？最令人困惑的是：她是怎么把那么多袋面粉搬到地下室去的？我见过充当她司机的朋友，那些老人不可能有力气当搬运工。

"一次搬一袋。"她边回答边用手拂去桌上的灰尘。

一次搬一袋！外婆可是把一袋面粉从车里搬到门口都有困难啊。她的呼吸缓慢而沉重，最近一次体检时，医生发现她的心跳跟蓝鲸一样慢。

她最大的心愿是活着看到孙子成年，但我希望她能活得更久一点儿，至少再活 10 年。她是那种会长命百岁的人。但就算可以活到 120 岁，她也知道用不完那堆面粉。

不方便的食物

分享食物让人心情愉悦，且有助于建立良好的人际关系。迈克尔·波伦*撰写了大量关于食物的文章，强调这种"餐桌情谊"的重要性（对此我深表赞同），反对素食主义。从某种层面看，他的确有道理。

假设你像波伦一样既看重餐桌情谊，又反对工业化农场生产的肉；于是在应邀赴宴时，你不好意思拒绝端到跟前的食物，尤其不能搬出道德作为理由。但是，拒绝食物到底能有多糟呢？我们陷入常见的两难境地：维持社交场合的和谐与坚持言行对社会负责，到底哪个更重要？饮食原则与餐桌情谊孰轻孰重，在不同场合会有不同答案（拒绝外婆的胡萝卜炖鸡和不吃微波炉加热的布法罗辣鸡翅不能相提并论）。

此外，我很奇怪波伦为何没提到一点：挑剔的杂食者比素食者更难伺候。假设受朋友邀请去吃晚餐，素食者说，"我很想来，但你知道，我只吃素。"杂食者也可能说，"我很想来，但你知道，我只吃家庭农场生产的肉。"接下来，这个杂食者大概要给朋友发个网址或一张当地商店的名单，他们才不会在采购食材时茫然无措。这个要求当然不是无法满足，但肯定比提供素食更难（至少人人都知道吃素是什么意思）。如今，整个餐饮业（餐厅、飞机餐、大学食堂、婚宴）都能提供素食。而对于挑剔的杂食者就没有那么便利了。

那么对于筹备宴客的主人呢？挑剔的杂食者也可以吃素，反过来却不行。所以，哪种饮食习惯对主人更方便，更有利于维护餐

---

* 美国知名饮食作家，曾被《时代》周刊评为"全球百位最具影响力人物"。

桌情谊呢?

其实,增进餐桌情谊的不仅是我们吃下去的食物,还有说出来的言语。交流各自的信念——哪怕我们的信念截然不同——可能会比食物更能巩固友情。

倒下的动物 *

（1）令人沮丧的事物或人。

（2）因健康状况不佳而倒地,无法再次站立的动物。就像人一样,病倒只有少数情况是因为重病或受了重伤,通常只是需要喝水和休息,然而动物往往被弃之一旁,缓慢而痛苦地死去。我们没有准确的统计数字,但据估算每年有20万头牛因此丧命——相当于我每打一个词,就有两头牛死去。[24] 出于基本的动物福利,或许至少可以为它们实施安乐死。但安乐死要花钱,而这些倒下的动物毫无价值,不值得关注与同情,于是被扔到一边或扔进垃圾箱,自生自灭。在美国大多数州,这样做完全合法。

我为写这本书实地采访时,第一站是一家位于纽约州沃特金斯格伦的农场动物庇护所。庇护所不是农场,不种任何植物,不饲养任何动物。这一机构由金·鲍尔和妻子洛里·休斯敦建于1986年,旨在为被救助的农场动物提供安度余生的场所。（这些动物经过基因改造,生长速度极快,在农场中不到成年便会遭屠宰。通常猪长到120千克便会被宰杀,而在农场动物庇护所,它们可以长到360多千克。）

---

* 此处原文为 downer,该词有双重含义。

农场动物庇护所是美国最重要的动物保护、教育和游说组织之一。成立之初，庇护所的经济来源是在感恩而死（Grateful Dead）乐队演唱会现场卖素食热狗，如今该机构在纽约上州拥有约 50 公顷的土地，另一处庇护所在北加州，占地约 120 公顷。成员超过 20 万人，年预算约 600 万美元，足以影响地方和国家立法。但这些都不是我将采访第一站定在这里的原因。我只是想接触农场动物。活了 30 多年，我接触过的猪、牛和鸡都是被切成块儿的食物。

我随鲍尔在牧场散步，他说建立这个庇护所并非他长久以来的梦想或抱负，而是机缘巧合。

"当时我正开车经过兰开斯特的一处牲畜养殖场，见地上倒着一堆动物。我走近时，一只羊抬起了头。我这才知道她还活着，被人扔在那里饱受折磨，于是我把她抱进车里。我以前从没干过这种事，但那一刻实在不忍心抛下她不管。我带她去看兽医，本以为等待她的只有安乐死，没想到打了几针之后，她就站了起来。我把她带回威明顿的家中，后来有了庇护所，她又在那儿活了 10 年。10 年的好日子。"

我讲这个故事，不是为了呼吁建更多的农场动物庇护所。他们做得很好，但更多是教育意义上的（帮助像我这样的人走出某种无知），而不是实际救助了多少动物。鲍尔肯定第一个同意这点。我讲这个故事是为了告诉读者，倒下的动物可能十分健康。它们值得挽救，或至少以不那么痛苦的方式死去。

环境保护主义

环境保护主义旨在保存和恢复人类赖以生存的自然资源和生态

系统。这一概念有更多含义，但这是当下最普遍的认知。有的环保主义者把动物也纳入自然资源的范畴，当然这里的动物通常指濒危或遭猎杀的物种，而非地球上数量众多的动物；尽管后者同样急需保护与恢复。

芝加哥大学的一项研究发现，我们的饮食结构对气候变暖的影响不亚于交通运输。[25] 近来，联合国[26]和皮尤研究中心[27]的多项权威研究证实，动物养殖业对全球气候变化的影响大于交通运输。联合国数据显示，家畜排放的温室气体占温室气体排放总量的18%，[28]比交通排放总量——包括私家车、卡车、飞机、火车和船——高出40%。[29]全球37%的人为排放甲烷和65%的人为排放一氧化二氮来自动物养殖业，其中甲烷的全球变暖潜能是二氧化碳的23倍，一氧化二氮的全球变暖潜能是二氧化碳296倍。[30]最新数据还表明，杂食者产生的温室气体是素食者的7倍。[31]

联合国总结了肉类工业对环境的影响：饲养供食用的动物（无论工业化农场还是传统农场）"在危害环境的因素中排名前三，[32]从地方到全球，影响有大有小……要解决水土流失、气候变化、空气污染、水资源短缺、水污染、生物多样性减少等问题，必须针对'动物养殖业'制定政策。畜牧业对环境的影响不容忽视"。如果你关心环境并且相信联合国[33]（或政府间气候变化专门委员会、[34]美国公共利益科学中心、[35]皮尤委员会、[36]忧思科学家联盟、[37]世界观察研究所，[38]等等）的研究结果，就必须关注吃动物的问题。

简而言之，如果有人经常食用工业化农场生产的动物制品，那么他就不是真正意义上的环保主义者。

工业化农场

这一术语在未来注定会消失，要么因为工业化农场不复存在，要么因为与之相对的家庭农场销声匿迹。

家庭农场

一般指由家庭饲养动物、管理运作、参与日常劳动的农场。五六十年前，所有农场都是家庭农场。

饲料转化率

出于必要的经济考虑，无论工业化农场还是家庭农场，都会关注饲料转化率，即农场动物消耗的饲料与它们产出的蛋、奶、肉的价值比。两种农场的区别，在于关注点和追求利润的程度。例如——

饲料与灯光

工业化农场常不顾动物福利，通过控制饲料和灯光来提高产量。养鸡场残忍地操控母鸡的生物钟，让它们一齐更快生出有经济价值的蛋。一位工作人员向我描述了养鸡场的情形：

> 母鸡一旦发育成熟——火鸡通常需要 23 到 26 周，鸡通常为 16 到 20 周——便会被送进调暗光线的谷仓，甚至调成 24 小时完全黑暗的环境。其间以低蛋白饲料喂养，让母鸡处于饥饿状态。这样持续 2 到 3 周后，农场调亮灯光，每天照明 16 到 20 个小时，让母鸡误以为春天来临。同时换成高蛋白饲料，母鸡就会很快开始下蛋。他们的技术可以随时终止和启动整个流程。

野外环境下，春天来时虫飞草长，白日渐长，鸟类据此判断，"春天来了，我应该生蛋了"。工业化农场利用这一点，通过控制灯光和喂食，迫使母鸡一年四季下蛋。现在火鸡每年能产 120 枚蛋，鸡每年能产 300 多枚，是自然状态下的 2 到 3 倍。一年以后，这批母鸡就会被杀掉，因为第二年的母鸡产不出那么多蛋，换一批产量高的鸡要划算得多。这就是为什么现在鸡肉这么便宜，鸡在遭罪。

很多人可能对工业化农场的残忍略有耳闻——狭小的笼子、血腥的屠宰，但未必听说过这类广泛使用的饲养技术。我之前就不知道操控饲料和灯光的做法。现在我再也不想吃工业化农场生产的鸡蛋了。幸好还有放养鸡，对吧？

放养

常见于肉类、鸡蛋、奶制品的标签上，偶尔连鱼类也会标上（放养金枪鱼？）。然而这个标签跟"纯天然""新鲜""神奇"一样，完全是胡扯。

符合放养标准的肉鸡必须"能接触户外"，细想之下你会发现，这就是句空话。[39]（试想，3 万只鸡挤在一个鸡棚中，只有一扇偶尔才会打开的小门，通向一块 5 米见方的泥地。）

至于散养蛋鸡，美国农业部没有严格定义，全看农场的说辞。[40]很多工业化农场出产的鸡蛋——那些挤在大谷仓中的母鸡下的蛋——都被打上"放养"标签。（还有"非笼养"标签，顾名思义，下蛋的鸡不是养在笼子里，这点倒没错。）也就是说，"放养"（或"非笼养"）

的鸡同样可能被去喙、喂药,一旦产量下降就被残忍屠宰。[41] 我完全可以在洗碗槽底下养一群鸡,同时宣称它们是"放养"。

新鲜

更是胡说。根据美国农业部的规定,"新鲜"鸡肉的温度必须维持在约零下 3 摄氏度到零下 4 摄氏度之间,[42] 可以冷冻(因此有了自相矛盾的说法"新鲜冷冻"),但没有明确规定保鲜期。受病原体感染或粪便污染的鸡也可以说是新鲜、非笼养、放养的,并在超市合法出售(只要将粪便清洗干净)。

习惯的力量

在我家,父亲负责掌勺,他没少给我们吃充满异国风情的食物。在豆腐广为人知以前,我们就已经吃过。不是因为父亲喜欢它的味道,或是笃信它如今备受推崇的健康价值,他只是喜欢尝试少有人吃的食物。食材新颖还不够,做法也要有创意。他做过炸洋菇条、炖鹰嘴豆丸子、炒面筋。

自创菜品时,父亲经常替换食材做出花样。比如为了安慰我母亲,将明显不符合犹太洁食标准的食物换成稍微没那么明显的(例如把熏猪肉换成熏火鸡肉),把不健康的食物换成不健康程度稍微轻一点儿的(例如把熏火鸡肉换成素熏肉)。有时他纯粹为了挑战自己,把面粉换成荞麦。有些移花接木无异于挑衅自然。

最近一次回父母家时,我发现冰箱里有素炸鸡饼、素炸鸡块、素炸鸡条、素肉肠、素肉饼、黄油和鸡蛋的素替代品、素汉堡以及素波兰香肠。你可能会以为他们是素食主义者，但完全不是这么回事，父亲经常吃肉。他总喜欢打破常规，做的菜既要有创意又讲究味道。

我们对此毫无异议，吃得十分开心，但从不带朋友来家里吃饭。我们有时甚至把他奉为大厨。但跟赞美外婆的厨艺一样，这些食物的意义已经不只是填饱肚子，而是一个故事：一位勇于尝试的父亲，总是鼓励我们接触新鲜事物。别人笑话他的实验性厨艺，他反倒开心，因为笑声比美味更珍贵。

我家的餐桌上从未出现过饭后甜点。我在父母家一直住到 18 岁，想不起来有哪一餐吃过甜食。父亲倒不是怕我们长蛀牙（他从没要求过我们刷牙），他只是觉得没有必要。咸味菜肴显然更好，何必浪费胃里的空间呢？对此我们竟然从未提出异议。我的口味——不止对食物，还有潜意识里的其他渴望——都受到父亲影响。直到今天，我还没发现比我对甜点更提不起兴趣的人，比起一块蛋糕，我宁愿吃一片黑面包。

我会对儿子产生什么样的影响呢？我一点儿也不想吃肉了——看到红肉我甚至觉得恶心，但夏日里的烤肉香气依然让我垂涎欲滴。我的儿子会如何消化这一切呢？他会不会成为家中第一个没尝过肉，因此对肉毫无兴趣的人？还是会因此更想吃肉呢？

人类

人类是如此独一无二的物种，会有目的地繁衍后代、与他人保持（或断绝）联系、庆祝生日、浪费时间、刷牙、怀旧、清除污渍、信仰宗教、成立政党、制定法律、把纪念品穿在身上、在犯错多年之后道歉、说悄悄话、担惊受怕、解梦、遮掩生殖器、刮胡子、埋藏时间胶囊以及出于道德考量选择不吃什么。但无论选择吃肉与否，背后的逻辑往往是一致的：我们和它们不一样。

本能

绝大多数人都知道，迁徙的鸟具有惊人的定位能力，它们能够穿越大陆找到特定的筑巢点。据说这是鸟的"本能"。（动物一旦表现出任何超高智力的行为，就会被解释为本能，参见本章《智力》。）但本能无法解释鸽子为何能利用人类的道路交通来导航。鸽子常常沿高速公路飞行，在特定出口"下高速"，就像人按照路标驾车一样。[43]

智力曾被狭隘地定义为学习书本知识的能力；如今，更多能力被纳入智力的范畴，比如视觉空间能力、交际能力、情绪感受力、音乐能力，等等。猎豹奔跑速度惊人不代表它有智力，但它不可思议的空间感——三角定位、预判猎物动向并做好相应准备，无疑是智力因素。把这归入本能，就像说一个人只要有膝跳反射就能在足球比赛中射中点球一样。

智力

很早以前，农民就观察到，聪明的猪能学会打开猪圈的门。英国博物学家吉尔伯特·怀特在 1789 年记录到，一只母猪自行拉开猪圈的门闩后，"一路打开农场所有的门，大摇大摆地走去很远之外的另一座农场，与关在那儿的一头公猪会合；达到目的之后，又大摇大摆地回到自己的窝"。[44]

科学家记录过猪的"语言"，[45] 它们会回应（人类或同伴的）呼唤、[46] 玩玩具（且有自己的偏好）、[47] 向陷入困境的同伴施以援手。[48] 与工业界关系密切的动物学家斯坦利·柯蒂斯博士曾就猪的认知能力做过实验，他改造了游戏摇杆，让猪能够用鼻子操纵，以此训练它们玩电子游戏。猪不仅学会了玩游戏，而且成绩与黑猩猩不相上下，它们的抽象理解能力令人惊异。[49] 猪拉开门栓的故事还在不断上演。[50] 柯蒂斯的同事肯·凯普哈特博士不仅证实了猪可以自行开门，还发现猪常常与同伴搭档完成，其中大多是惯犯，有时还会帮其他猪开门。猪的聪明才智在美国乡间广为传颂，鱼和鸡的智商则一直倍受鄙夷。但鱼和鸡真的蠢吗？

智力？

截至 1992 年，只有 70 篇经同行评审的论文研究鱼类的学习能力[51]——10 年之后是 500 篇，如今已达 640 篇。[52] 在我们对于动物的认知里，这是更新速度最快、变化最大的一个领域。20 世纪 90 年代的鱼类智力研究专家放到今天，也不过是个新手。

鱼能够构筑复杂的巢穴，[53] 建立一夫一妻的关系，[54] 与其他物种合作捕猎，[55] 还会使用工具。[56] 它们能够分辨同类的每一个个体（并且知道谁值得信赖、谁不值得），[57] 独立做决策，[58] 关注社会等级并争取更高的地位。[59]（学术期刊《鱼与渔业》称：鱼类会"不择手段地运用操纵、惩罚、和解的策略"。）[60] 此外，鱼还有良好的长期记忆力，[61] 擅长通过社交活动获取信息，还会将知识传给下一代。[62] 研究人员称它们在"觅食、教育、筑巢和交配地点的选择上，有长期的'文化传统'"。[63]

那么鸡呢？相关科学研究也有突破性发现。著名动物生理学家莱斯利·罗杰斯博士发现，鸟类大脑具有偏侧性——左右大脑各有分工，此前这被认为是人类大脑的特有属性。[64]（科学家现在普遍认同，很多动物都具有这一功能。[65]）经过 40 年的钻研，罗杰斯指出，目前对鸟类大脑的研究"清楚地表明，鸟类的认知能力与哺乳动物甚至灵长类动物相当"。[66] 她认为鸟类具有复杂的记忆能力，能够"按时间顺序记录事件，形成一部独特的自传"。[67] 鸡也能像鱼类一样向后代传授知识，[68] 会互相欺骗，[69] 甚至具备延迟满足的能力。[70]

这些研究大大改变了我们对鸟类的认识。2005 年，世界各地的科学家齐聚一堂，重新为鸟类大脑的各个部分命名，目的是废除暗含"原始"意味的旧名称，新名称强调了鸟类大脑处理信息的方式与人类大脑皮层有相似之处（当然不尽相同）。[71]

一群坚定的动物生理学家站在大脑解剖图前讨论命名的场景，不禁让人想到世界起源故事的开头：亚当（此时还没有夏娃，没有神的指引）为动物命名。我们延续他的工作，用鸟的脑袋比喻迟钝的头脑，用鸡形容懦弱的人，用火鸡比喻笨蛋。这些名称真的合适吗？既然我们能修正女人来自男人肋骨的错误观念，是否也能改变对动物的认识呢？无论它们是餐盘里的酱烤肋排，还是我们手中的炸鸡……

KFC

KFC 原意是肯塔基炸鸡（Kentucky Fried Chicken），现在大家都忘了，所以 KFC 三个字母变得毫无意义。KFC 对鸡造成了前所未有的伤害。他们每年要购买近 10 亿只鸡——一只一只摞起来，足以覆盖整个曼哈顿，还会从高楼的窗户溢出来。KFC 的运作方式对整个鸡肉行业影响甚巨。[72]

KFC 坚称其"关心动物福利，坚持以人道方式对待鸡"。[73] 这些话的可信度如何？在一家为 KFC 供货的西弗吉尼亚州的屠宰场，员工曾砍下活生生的鸡的头，将烟吐到鸡的眼睛里，朝它们的脸喷漆，将它们重重地踩在脚下。[74] 这些行为多次被人目击，而这家屠宰场并不是"一粒老鼠屎"，而是"年度最佳供货商"。难以想象在无人监管的情况下，真正的"老鼠屎"是什么样。

KFC 在官网上声明："我们持续监管供货商，以确保他们的饲养与处理过程足够人道。我们致力于挑选符合高标准的供货商，与我们共同实现关怀动物福利的承诺。"[75] 这句话半真半假。KFC 的确只和承诺保障动物福利的供货商合作，但官网上没有告诉我们的是，供货商有权自行定义动物福利的标准 [见本章《CFE（农场免责法案)》]。

KFC 对供货商进行的稽查（即上文中所说的"监管"）同样是典型的公关行为。这些事先张扬的稽查给了供货商足够的时间应对，将见不得人的部分藏起来。不仅如此，稽查报告完全忽视了公司专门聘请的动物福利专家的意见，五位专家因此愤然辞职。其中一位专家阿黛尔·道格拉斯告诉《芝加哥论坛报》，KFC "从未召开过相关会议，也没征求过专家意见，却向公众宣传他们组建了动物福利顾问委员会。我觉得自己被利用了"。[76] 另一位前委员会成员、圭尔夫大学动物福利协会荣誉主席伊安·邓肯，是北美禽类福利方面首屈一指的专家，他指出，"改进实在太慢，这是我辞职的原因。任何事都被往后推，标准迟迟不定……我怀疑管理层根本不在乎动物福利。"[77]

取代这五名委员的是谁？在那之后，KFC 动物福利委员会成员包括皮尔格林普拉德公司副主席——前文提到的虐待动物的"最佳供货商"正是由这家公司运营；泰森食品公司董事——该公司每年屠宰 22 亿只鸡，其雇员多次被发现在肢解活的火鸡（还有雇员在屠宰线上小便）；[78] 还有公司自己的"高管及其他雇员"。[79] 简而言之，KFC 所谓的监督供货商的顾问，就是供货商本身。

与 KFC 这个名字一样，该公司在动物福利上的承诺毫无意义。

洁食？

我从小在犹太学校和家里接受的教育告诉我，犹太饮食是一种折中方案：如果人类一定要食用动物，必须要人道，以尊重与谦卑之心对待世上其他生命。无论是饲养还是屠宰时，都不要让动物遭受不必要的痛苦。这种想法令我从小到大都为自己是犹太人而骄傲。

因此，世上最大的犹太屠宰场爆出丑闻，比其他屠宰场的类似行为更令我愤怒。艾奥瓦州波斯特维尔的阿格里屠宰场被拍到，牛在意识清醒的状态下就被拔除气管和食管，由于屠宰不够利落，它们受到长达 3 分钟的折磨，面部还遭到电击。[80]

令我欣慰的是，许多犹太团体站出来公开批评这家工厂。美国拉比大会是犹太教保守派运动的一支力量，其主席在给全体拉比的信中强调："当一家声称符合洁食标准的公司违背了犹太教规，令上帝创造的生命蒙受痛苦，他们必须向犹太团体，乃至最终向上帝做出交代。"[81] 以色列巴伊兰大学塔木德学院的正统派教授也雄辩抗议："任何如此行事的犹太屠宰场都犯下了亵渎上帝的罪行，认为上帝只在意礼仪律、忽视道德律就是一种亵渎。"[82] 此外，包括美国改革派拉比中央会议主席和保守派齐格勒拉比研究院院长在内，50 位重要拉比在一份联合声明中指出："犹太教关怀动物的传统遭到这些机构的严重破坏，我们必须重申这一重要立场。"[83]

但是，只要主宰市场的仍是工业化农场，我们就没有理由认定，发生在阿格里屠宰场的残忍行径能在洁食行业内得到根除。

因此我不得不直截了当地问，在这个世界上——不是《圣经》中的农牧时代，而是如今人口过剩、动物被合法合理地当作商品处置的世界——究竟还有没有可能吃上肉又"不令上帝创造的生命蒙受痛苦"，以避免"亵渎上帝之名"？洁食是不是已经变成一个自相矛盾的概念？

有机[84]

有机代表什么？有机食物当然自有其标准，但也绝没有我们以为的那么严格。拿贴着有机标签的肉、牛奶和鸡蛋来说，美国农业部要求其来源动物必须：（1）以有机饲料喂养（即作为饲料的农产品没用过人造杀虫剂和化学肥料）；（2）全程记录养殖过程（即有书面报告）；（3）不得使用抗生素和生长激素；（4）有"接触户外的条件"。最后一条标准不幸是句空话，有时候，一扇能够看到户外的窗子也可被视作"接触户外的条件"。

有机食物通常的确更加安全，对环境的影响更小，也更有益于健康。但有机食品却不见得更人道。对于蛋鸡和牛而言，"有机"的确享有更好的福利，也许还有猪，但目前尚不确定。但对于肉鸡和火鸡，"有机"完全不等于有好福利。你可以声称以有机方式饲养火鸡，同时每天虐待它们。

PETA（善待动物组织）

善待动物组织（People for the Ethical Treatment of Animals）的英文缩写与皮塔饼发音相同，但在我遇到的农夫中，这一动物保护机构远比这款中东食物出名。它是世上最大的动物权益机构，成员超过200万名。

在合法的前提下，他们极力地推进自己的主张，丝毫不顾忌自身形象（这点令人折服），也不管冒犯了谁（这点不敢恭维）。他们派发给孩子的"不快乐套餐"，包含浑身是血、挥舞着剁肉刀的麦当劳玩偶。他们制作西红柿图案的贴纸，上面写着"把我扔到穿皮草的人身上"。他们还去四季酒店把死掉的浣熊放到《时尚》杂志主编安娜·温特的餐桌上（把生蛆的动物内脏寄到她办公室），破坏从政要到皇室等各界名流的画像，向儿童分发"你爸爸残杀动物！"的传单，还要求宠物店男孩（Pet Shop Boys）乐队改名为"动物收容所男孩"（乐队并未照办，但承认这个问题值得讨论）。这些一根筋的行为让人觉得好笑又可敬，但显然没人希望他们把矛头对准自己。

无论名声如何，善待动物组织比其他任何机构都更让工业化养殖业感到恐惧。美国最著名、最有影响力的动物福利科学家坦普·葛兰汀（美国一半以上的屠牛场都由她设计）说，在善待动物组织盯上快餐行业后，动物福利1年之内的改善幅度比过去30年的总和还要大。[85] 该组织的头号敌人史蒂夫·科佩鲁德（肉类工业顾问，10年来一直致力于研究反抗善待动物组织的对策）如是说道："这个行业内，人人皆知善待动物组织的能耐，不少高管都闻之色变。"[86] 听说不少公司会定期与善待动物组织协商，并悄悄改善公司的动物福利政策，以避免受到该组织的公开责难。对此我一点儿也不惊讶。

善待动物组织有时被指以极端手段获取关注，此言非虚。还有人指责他们宣扬动物与人类应该受到平等对待，这有失偏颇。（什么叫"平等对待"？让牛投票吗？）他们并非情绪化的乌合之众；相反，他们十分理智，坚定地推行朴素的理想——"动物不是供我们食用、穿戴、做实验或娱乐的"，他们努力让这句口号就像穿泳装的帕米拉·安德森一样深入人心。*出乎很多人意料的是，他们支持安乐死：如果让一只狗终其一生关在狗笼中或者安乐死，善待动物组织会选择后者，还会广泛提倡这一理念。他们当然反对杀戮，但他们更不愿动物遭受折磨。善待动物组织的成员都很喜欢猫狗，他们的办公室里总有不少宠物相伴，但他们的目标并非激发人们善待小猫小狗。他们想要的是一场变革。

他们称这场变革是为了争取"动物权利"，但总的来说他们为农场动物（他们的关注重点）争取到的，与其说是权利，不如说是福利：更大的饲养空间、更规范的屠宰方式、更舒适的运输条件，等等。善待动物组织的手段常有哗众取宠之嫌，但这些"过火"行为取得的改善结果大部分人都不会觉得激进。（有人会反对更规范的屠宰方式和更舒适的运输条件吗？）所以，关于善待动物组织的争议可能不在于其过激行为，而在于它令我们羞愧——换言之，善待动物组织成员在为我们出于懦弱或忘性而抛弃的价值观奋斗。

加工

屠宰场和加工厂。即便毫不在乎农场动物生活条件的人，也同

---

* 　帕米拉·安德森，美国女演员、模特，被称为1990年代的"性感符号"。其主演的电视剧《海岸救生队》风靡一时。

意要让它们死得痛快。在以人道的方式屠宰这点上，最坚定的工业化肉食捍卫者也能与最激进的素食主义活动家达成一致。但这真的是两者唯一的共识吗？

激进

事实上，人人都同意动物也有痛觉，分歧在于它们能够感觉到的疼痛程度，以及我们的在乎程度。经调查，96% 的美国人认为动物应该受到法律保护，[87] 76% 的人认同动物福利比低廉肉价重要，[88] 还有超过 60% 的人认为应当通过"严格立法"规范农场动物的饲养。[89] 大概再也找不出第二个大众意见如此一致的社会议题。

另一个大部分人都能达成共识的是环境的重要性。无论你是否赞成近海石油开采，无论你是否相信全球气候变暖，无论你是开着大排量车还是离群索居，你大概都会同意每天呼吸的空气和饮用的水十分重要，并且对子孙后代也同样重要。即便那些始终否认环境出现危机的人也同意，环境恶化是件糟糕的事。

美国人直接接触的动物中，超过 99% 是农场动物。[90] 至于我们对"动物世界"造成的影响——无论是让动物遭受折磨，还是破坏生物多样性，后者已经打破数百万年进化达成的物种间平衡——这些都比不上饮食选择带来的后果。在我们的所作所为中，没有什么比吃肉对动物造成的伤害更大；同样，在我们的日常选择中，没有什么比饮食对环境的影响更大。

我们处于一个奇怪的境地。几乎所有人都同意要善待动物、保护环境，却鲜有人认真思考过我们与动物和环境的关系。更奇怪的是，按照这些价值观行事，拒绝吃肉（每个人都认为这既能减少受虐动物的数量，也能减少一个人的生态足迹[*]），往往会被认为是边缘行为，甚至是激进之举。

感情用事

受情绪左右，忽视现实。感情用事通常被认为是脱离实际、软弱的表现。那些为农场动物饲养条件担忧（或只是感兴趣）的人，常常会被指感情用事。但究竟是谁在感情用事，谁又在无视现实呢？

关心和了解农场动物的境遇，是在对抗与动物和我们自身都息息相关的现实还是在无视现实呢？认为同情心比便宜汉堡（或有汉堡可吃）更宝贵，是情绪化和冲动的表现，还是正视现实和直面良知？

假设两个好友在点餐。其中一个说"我想吃汉堡"，于是点了一个。另一个也表示"我想吃汉堡"，但他想起了比汉堡更重要的东西，然后点了其他食物。谁在感情用事呢？

物种屏障

柏林动物园里豢养着约 1400 种动物，是世界上物种最丰富的动物园。它建于 1844 年，是德国第一家动物园，最初的动物来自普鲁士国王腓特烈·威廉四世的捐赠。它每年的客流量高 260 万，是欧洲最受欢迎的动物园。1942 年，盟军空袭摧毁了动物园的全部设施，只有 91 只动物幸存。（当时的柏林，连公园里的树都被砍得一干二净，拿去当柴火，能有动物幸存简直是奇迹。）如今动物园共有 15000 只

---

* 生态足迹，指生产特定数量人口所耗费的资源并吸纳其所有废弃物所需的土地面积和水资源量。这一概念由加拿大不列颠哥伦比亚大学教授威廉·里斯提出，是定量测评生态可持续性的重要指标。

动物，然而明星只有 1 个。

2006 年 12 月 5 日出生的克努特，是柏林动物园 30 年来迎来的第一只北极熊。他的妈妈托斯卡 20 岁，是德国马戏团退休的表演熊，她拒绝喂养幼崽，克努特的孪生兄弟出生 4 天后死亡。听上去像一部平庸电影的开头，然而对一个幼小生命而言着实艰难。小克努特在保温箱中度过了最初的 44 天。他的饲养员托马斯·德尔夫莱恩睡在动物园，以便 24 小时照顾他。他每隔 2 小时用奶瓶给克努特喂一次奶，用吉他给睡前的克努特弹奏猫王的《伪装的恶魔》，还常常被大吵大闹的克努特弄得满身是伤。克努特出生时只有 0.8 千克，3 个月后我去动物园时，他的体重已经翻了一倍。一切顺利的话，他的体重将达到出生时的 200 倍。

任何语言都不足以形容柏林人对克努特的爱。市长克劳斯·沃维莱特每天早晨都会搜索新闻，看克努特的新照片。柏林市冰球队北极熊队向动物园申请让克努特当球队吉祥物。包括柏林发行量最大的报纸《每日镜报》在内，许多媒体都开设了博客，专门报道克努特的日常活动。克努特不仅有自己的播客和网络直播节目，还取代了很多日报上的半裸模特。

克努特的首次公开亮相吸引了 400 多名记者，风头完全盖过当时正在召开的欧盟峰会。克努特领带、克努特背包、克努特纪念盘、克努特睡衣、克努特塑像都热销一时，可能（尽管我没有确认）还有克努特内裤。德国环境部长西格马·加布希尔是克努特的教父。克努特的明星效应造成了另一只动物熊猫妈妈的悲剧。据工作人员推测，每天多达 3 万名游客涌入动物园看克努特，令妈妈过度兴奋或压力过大，导致了她的死亡（详细死因不明）。说到死亡，一个动物权益组织提出——他们后来宣称只是假设——对一只动物实施安乐死，也比让它生活在动物园那样的环境要好，为此大批小学生走上街头高喊"克努特必须活下去"。连球迷也抛开自己支持的球队转而为克努特呐喊。

如果你去看克努特时肚子饿了，它的圈舍不远处就有小摊出售"克努特香肠"，这些肉来自工业化农场饲养的猪，它们的智力绝不逊于克努特，然而我们不屑一顾。这便是"物种屏障"。

压力

业界用这个词来替代下面这个词：

痛苦

什么是痛苦？这个问题假定了谈论的对象具有痛感。如今，动物会"感到疼痛"已是共识，但有不少观点认为动物遭受的痛苦——在一般的心理、感情或所谓的"主观"层面——与人类的痛苦不具可比性。我想很多人都这么认为，即动物的痛苦完全是另一回事，因此并不是真的要紧。

我们都本能地知道什么是痛苦，但很难用语言表达。从小到大，我们通过与其他人（尤其是家庭成员）以及动物的互动，了解到痛苦的含义。痛苦这个词暗示着某种对其他生命的感同身受——一种共通的生命体验。当然，人类有自己独特的痛苦——梦想破灭、种族主义、身体羞耻，等等。但这就足以证明动物的痛苦"不是真正的痛苦"吗？

对于痛苦的定义及相关思考，重要的不是我们被告知的概念——

神经通路、伤害性受体、前列腺素、阿片受体，等等——而是谁在遭受痛苦，以及我们如何看待那样的痛苦。或许，某种哲学能设想出一个世界，在那里痛苦的定义不适用于动物。这有悖常识，但我承认这种可能性。如果认为动物并不真的有痛感与认为它们有痛感的双方，都能提供强有力的证据，我们是否就应对此半信半疑呢？是否就应认定动物并不真的痛苦——或者至少它们的痛苦无关紧要呢？

我的答案当然是否定的，但我不想在这一点上争论。我只想指出，当我们问"什么是痛苦"时，必须意识到问题的核心是什么。

什么是痛苦？我不知道它是什么，但我知道痛苦是所有叹息、尖叫和呻吟的原因，这些声音无论是大是小，是嘶吼还是哀鸣，都牵动我们的心。这个词比我们所见之物更能定义我们的内心。

夜访陌生农场

典型的层架式鸡笼中，每只鸡拥有的空间为 0.043 平方米，约莫本页方框的大小。"非笼养"鸡的活动空间也相差无几。[1]

1

我不是夜闯陌生农场的那种人

深更半夜之时，荒无人烟之地。在夜色笼罩下，我一袭黑衣脚蹬鞋套，戴着乳胶手套的双手瑟瑟发抖。我努力让自己镇定，第五次检查是否带齐了东西：强光手电、身份证件、四十美元现金、录像机、打印好的加州刑法第597e条、一瓶水（不是给自己喝的）、调成静音模式的手机、警报器。我们把车熄了火，滑行了近一米，停在早些时候侦察过的地方。我们那天开车侦察过好几个地点，这是其中之一。这时还远没到惊险的部分。

我身边是动物保护人士 C。我今天接上她时才第一次见到她，我原本想象她有着鼓舞人心的形象。但实际上她身材娇小，戴一副飞行员墨镜，穿一双人字拖，还戴着牙套。

"你养了很多猫啊。"从她家开出来时我留意到。

"我现在跟爸妈住一块儿。"

我们走的这条高速公路被当地人称为"血路"，一是因为车祸频发，二是因为大量运送动物的卡车从这条路驶向屠宰场。C 告诉我，"闯农场"就是推开一扇门走进去而已，但现在越来越难了。因为大家都开始关注生物安全，警惕"麻烦制造者"。现在，往往要翻过围栏才能进去，有时还会触发探照灯和警报。狗一直是个麻烦，尤其是没拴的。她甚至遇到过一头放养的公牛，随时准备袭击管闲事的素食主义者。

"公牛……"我半信半疑地重复道。

"公的牛。"她简短生硬地回答，手里整理着一袋像是牙科器材的东西。

"那，今晚我们有可能遇到公牛吗？"

"不会。"

后面心急的司机将我逼近了一辆卡车，车上堆满了鸡，正开往屠宰场。

"假如遇到了呢？"

"那就站着别动，"C 建议说，"我不认为它们能看到静止的物体。"

要问 C 有没有在这类夜访中落入过糟糕透顶的境地？答案是肯定的。她有一次掉进了粪坑，脖子以下全是粪便，一手一只奄奄一息的兔子。有一次她不小心把自己锁在了漆黑一团的棚屋中，与她相伴的是两万只可怜的动物，以及它们散发的气味。还有一次，她从接触病鸡的同伴那儿感染了弯曲杆菌，几乎丧命。

挡风玻璃上落满了鸡毛。我打开雨刷，问道："你包里那堆东西都是什么？"

"以防我们要展开救援。"

我不太清楚这是什么意思，但感觉不妙。

"你刚说你不认为公牛能看见静止的物体。这些信息难道不是你们必须确切掌握的吗？我不是找茬，但——"

——但我到底在做什么？我不是记者，不是动物保护人士，不是素食主义者，不是律师或哲学家——据我所知只有这些人才会参与这类行动。我毫无准备。而且，面对一头气势汹汹的公牛，我才不会站着一动不动。

我们在预定地点的碎石地上停下来，对好手表时间，等待凌晨3点的到来。白天见到的狗不知去了哪儿，这反而令我更加不安。我从口袋中掏出一张纸，又看了一遍——

> 如果任何家养动物在任何时间……在缺少必要的食物和水的情况下被关押12小时及以上时间，那么任何人，在视之必要的情况下，进入关押该动物的空间，为其提供必要的食物和水的行为是合法的，不会被追究责任……

——尽管这是州法原文，但就像狂犬的沉默一样并不能令我安心。我不断想象从浅睡中惊醒、端起猎枪跑来的农场管理者，他如何看待自以为是的我竟敢来检查他的火鸡的生活条件？他端起双管枪，我吓得尿裤子，然后呢？我掏出加州刑法第597e条？会不会让他更想一枪崩了我？

时间到了。

我们用一系列夸张的手势进行交流，其实简单一句耳语就能交代清楚。因为我们说好了不能发出任何声音，直到平安离开。转动食指表示行动开始。

"你带头。"我脱口而出。

现在，惊险的部分开始了。

劳您再次考虑

致泰森食品公司负责人：

继 1 月 10 日、2 月 27 日、3 月 15 日、4 月 20 日、5 月 15 日、6 月 7 日的信件之后，我再次写信，重申我的请求。我是一名新手爸爸，急于了解肉类行业的情况，以决定将来如何喂养我的儿子。泰森食品是世界上最大的鸡肉、牛肉和猪肉加工与销售商，无疑是最好的切入点。我希望能参观贵公司的农场，向公司代表了解有关农场运作、动物福利、环境问题的具体情况。如果可能的话，我还希望与农场工作人员交流。我可以接受任何时间安排，不介意长途旅行，并且随时能够出发。

鉴于贵公司秉持"以家庭为核心"的理念，新广告主题也是"这是给家人的选择"，我想您会重视我的请求的，我只想知道儿子的食物来源。

感谢您再次考虑。

此致
敬礼

乔纳森·萨福兰·弗尔

养殖业的惨状

我们把车停在了离农场几百米远的地方，C 通过卫星地图发现，我们可以借着一片杏树林的掩护靠近畜棚。树枝不断划过身体，我们在沉默中前行。布鲁克林这会儿是早上 6 点，儿子很快就要起床。

他会在摇篮中摸索一会儿，然后放声大哭——不自觉地立了身子，却不知要如何躺回去。妻子很快会将他抱入怀中，坐到摇椅上，给他喂奶。所有这一切——我在加州的这趟旅行，在纽约敲下的这些字符，在艾奥瓦州、堪萨斯州和普吉特湾见到的农场——如果我不是一个父亲、儿子、孙子，如果我永远是独自吃饭，大概会更容易消化。但我想不可能有哪个人是这样。

大约 20 分钟后，C 停下脚步，接着转了弯。我很难想象她是如何知道该在那儿转弯的，在我看来那不过是一棵普通的树，跟我们刚刚路过的几百棵树毫无分别。我们又走了几十米，我们穿过一排一模一样的树，到达目的地，像两艘划到了瀑布跟前的皮划艇。透过稀疏的树叶，我能看到 10 米开外带刺的铁丝网，再往里就是农场的地盘了。

农场共有 7 座畜棚，每座宽约 15 米，长 150 米，关着 25000 只火鸡。当然，当我时还不知道这些情况。[2]

畜棚旁边是一座巨大的仓库，看上去就像科幻片里的布景，完全不是乡村片里的东西。建筑外墙爬满金属管道，突出的大型风扇喹啷作响，探照灯怪异地扫过各个角落。提到农场，大多数人都会想到田野、谷仓、拖拉机、动物。恐怕没有一个人会想象得到我眼前这幅景象。然而，这才是如今美国典型的动物农场。

C 戴上宇航员手套，将带刺钩的铁丝网扒开一道口子，让我钻过去。我的裤子被刺钩撕破了，好在这身装备本来就是一次性的，专为这次行动准备的。她把手套递给我，我如法炮制，帮助她钻过铁丝网。

我们像是踩在月球表面。每走一步，我的脚就会陷进一团粪便、泥巴或是其他我也不知道是什么的污物中，畜棚周围遍地都是。我只好缩紧脚趾，以免鞋被粘掉。我半蹲下来，尽量将身子蜷成一团，手紧握住口袋，不让里边的东西晃出声响。我们安静而迅速地走到了畜棚跟前，有了这排屋子的掩护，我们能稍微放开手脚了。一排巨大的风扇，大概10多个，每个直径约有1.2米，吹一会儿停一会儿。

我们靠近第一座畜棚。门缝中透出灯光。一方面这是好事：我们不必使用手电筒，据C说手电筒很容易吓到动物，最糟的状况是引发整群动物的惊叫和躁动；另一方面，如果有农场工作人员前来查看，我们必定暴露无遗。我有些疑惑：为什么半夜里畜棚会亮着灯呢？

我能听到里边的动静：除了机器的嗡鸣，还有某种像是窃窃私语，又像是吊灯轻微晃动的声音。C拧了拧锁后，示意我们去下一个畜棚。

我们就这样摸索了几分钟，希望撞上一扇开着的门。

又一个疑惑涌上心头：为什么农场的人要给火鸡棚上锁呢？

应该不是担心里边的设备或火鸡被偷吧？畜棚里没有任何设备，火鸡也不值得费九牛二虎之力来偷。应该也不是怕动物逃跑。（火鸡不会拧门把手。）我想也不是为了生物安全。（带刺钩的铁丝网足以将只是有些好奇的人拦在门外。）那到底是为什么呢？

在我随后对动物养殖业长达3年的调查中，没有什么比这些上锁的门更令我不安，更能形象地从侧面反映养殖业的悲惨状况，以及更能促使我写下这本书。

后来我发现，上锁的门只是冰山一角。泰森食品或其他肉类公司从未答复我的请求。（泰森食品回复过两条信息，一条是拒绝，另一条言之无物，相当于什么也没说。）即便是正规研究机构，也难以接触到行业机密。大名鼎鼎的皮尤委员会资助了一项两年的研究，用于评估工业化农场的影响，他们的报告如下：

> 委员会在审查和达成共识的过程中遇到了严重阻碍……尽管有来自工业化农业的业界代表向委员会推荐了开展这一研究的合适人选，但业内另一些代表却试图以撤回研究资助为威胁，影响这些人入选。从学术研究、农业政策制定、政府管理到执法机制，我们在每个环节都能感受到业界的干预和影响。

工业化农场的经理人深知，这一商业模式的关键就在于，他们的所作所为一定不能被消费者知晓。

救援

仓库那边传来人声。为什么凌晨3点半还有人在干活儿？机器发出了声响。是什么机器呢？半夜三更，动静不小，发生了什么事？

"这扇门没锁。"C轻声说。她推开厚重的木门，一方灯光泻在地上，她走了进去。我紧随其后，关上了身后的门。我首先注意到的是近处墙上的一排防毒面罩。为何畜棚里会出现防毒面罩？

我们小心翼翼地前进。这里有成千上万只火鸡幼崽，只有拳头大小，羽毛呈木屑色，在锯木地板上成了隐身色。成群的小鸡挤在一起，睡在加热灯下，这些灯管取代了母鸡温暖的身体。它们的妈妈都上哪儿去了？

它们的密度经过了严密的计算。我把视线从小火鸡身上挪开，打量了一圈这里面的环境：灯、喂食器、风扇、加热灯管平均分布在各个角落，显然是人工计算的结果。除了动物本身，没有任何能够称得上"自然"的元素——没有一寸土地，没有一丝月光。我几乎要忘了周围这些小生命，欣赏起调控着这个封闭世界的技术来。那些小火鸡不再是生命，而像是这台精准高效的机器的零部件。我费了半天劲才回过神来。

我看向其中一只小火鸡，它努力从围着加热灯的鸡群外沿朝中间挤。加热灯正下方，另一只小火鸡像晒太阳的狗一样惬意。还有一只一动不动，连呼吸的起伏也没有。

初看上去情况并不坏。当然很挤，但小火鸡们似乎还算开心。（人类幼儿不也会被关在拥挤的室内托儿所吗？）小火鸡实在可爱。我很兴奋，面对这么多小动物，感觉很不错。

C 在畜棚的另一处，给一些看着有些虚弱的小火鸡喂水。我蹑手蹑脚地四处查看，在锯木地板上留下一串脚印。我放松下来，开始走近这些火鸡，甚至想摸它们。（C 的第一条命令就是绝不要碰它们。）离得越近，我看得越清。小火鸡的喙与脚趾的尖端都被涂黑了，有些小鸡的头顶还画着红点。

遍地都是小火鸡，我花了好几分钟才意识到，其中很多已经死了。有的浑身是血，有的满身是伤。有的像是被啄过，有的已经干瘪，像一堆散落的枯叶。有的变了形。死掉的小火鸡当然占少数，但无论看向哪个角落，都至少能看到一只。

我走向 C——整整十分钟过去了，我不想继续冒险。她正跪在什么东西面前。我走过去，跪在她旁边。一只小火鸡颤颤巍巍，分开两腿，眼睛结痂，身上好几处秃斑也结着痂。它的嘴微微张开，头不停地摇晃。它多大了？一周？两周？它一生下来就这样，还是因为经历了什么？它遭遇了什么呢？

我想 C 知道该怎么做。的确如此。她打开包，掏出一把刀。她一手握住小火鸡的脑袋——她是想让小鸡不动，还是想遮住它的眼睛？她划破它的脖子，将它救离了苦海。

2

我是夜闯陌生农场的那种人 *

救援行动中不得不杀死那只小火鸡，这让我很难受。很多年前，我在家禽加工厂工作过。我是后备杀手，负责杀死那些逃过了自动割喉装置的鸡。我割断了数千只鸡的喉咙。或许是上万只，甚至更多。在那样的环境中，你失去了一切概念：你是谁，你在做什么，做了多久，动物是什么，你又是什么。失去一切概念其实是一种自救机制，让你不至于发疯。但这本就是疯了的表现。

由于这项工作，我熟知禽类脖子的解剖结构，知道如何在一瞬间杀死一只小鸡。我知道这是在帮它们解脱。但仍然很难，因为这只鸡和流水线上被屠杀的成千上万只小鸡不一样，眼前的它是一个独立的生命。这一切太难了。

我并不激进。无论从哪个角度说，我都再中庸不过。我没打耳洞，没剪过奇怪发型，没碰过毒品，也没有明确的政治立场。工业化农场却是个连中庸之人也没法忽视的问题，如果了解真相，绝大多数人都没法坐视不管。

---

* 本节为动物保护人士 C 的口述。

我在威斯康星州和得克萨斯州长大，我的家庭在当地再普通不过：爸爸爱好打猎，叔伯们全都热衷于捕猎和钓鱼。妈妈每晚都做肉，周一晚上烤肉，周二则是鸡肉，等等。哥哥擅长运动，是两个竞技项目的州代表。

我第一次了解到农场的问题，是有个朋友给我放了一段影片，其中记录了杀牛的过程。我们当时还是青少年，觉得特别恶心，很多镜头像恐怖片。那个朋友并不是素食主义者——那会儿没有人是素食主义者——也没打算让我吃素。他纯粹是出于好玩。

那天晚上妈妈做了鸡腿，我有些吃不下去。拿在手中的仿佛不是鸡肉，而是一只鸡。我之前也知道我吃的是什么，但从未像那一刻一样不安。爸爸问我出了什么事，我告诉他我看了那段录像。在那个人生阶段，我无条件地相信爸爸说的一切，而且确信他能解开我所有的困惑。然而他说了一句"那不是什么令人愉快的玩意儿"。如果他就此打住，我或许能很快忘了这事。可他拿这事开起了玩笑。这类笑话我后来听了无数次——他扮成一只哭泣的动物，这令我愤怒。我那时下定决心，遇到任何问题，即便无法做出解释，也绝不用玩笑敷衍。

我想知道那段录像中的情形是否是特例。我想我内心希望它是特例，这样我就不用改变自己的生活方式了。我给所有大型农场写了信，请求去参观。我满以为他们会答应，结果不是被拒绝就是根本没有回信。我只好开车乱转，遇到农场就问工作人员能否让我看看畜棚。他们以各种各样的理由拒绝了我。我猜他们是不想让任何外面的人看到农场里的勾当。但正是由于外面的人对此一无所知，我感到必须用自己的方式摸清真相。

我深夜闯入的第一家农场是蛋鸡农场，可能养了有上百万只母鸡。它们被关在层层叠叠的鸡笼中。那之后我的眼睛和肺疼了好几天。那里的场景并没有录像里那么恐怖，但对我造成的震动更大。我的转变就是从那时开始，我意识到饱受折磨地活着比饱受折磨地死去更痛苦。

我希望那座可怕的蛋鸡农场也是例外。我想我就是没法相信大家会允许这样的事频频发生。所以我又闯入了一家火鸡农场。当时正好是屠宰日的前几天，一只只火鸡被喂得特别肥大，满满当当地挤在一起，你甚至看不到地板。它们疯了似的拍打翅膀、咯咯惊叫、相互追逐。到处都有死掉的火鸡和奄奄一息的火鸡。场面十分悲惨。我不是这一切的罪魁祸首，但身而为人，我感到羞愧。我告诉自己这肯定也是个例外。所以我去了下一家农场，一家又一家。

或许在内心深处，我始终不愿承认我看到的就是普遍现象。然而每个了解情况的人都知道，这就是工业化农场的现状。大部分人没机会亲眼看到，但可以通过我的眼睛看到。我录下了养鸡场、火鸡农场、养猪场（如今不可能进得去了）、养兔场、奶牛场、肥育场、牲畜拍卖会和运输卡车里的情形。我还在屠宰场打过工。我拍的东西偶尔会登上晚间新闻或报纸，有几次还出现在有关虐待动物的官司上。

这就是为什么我同意帮你。我不认识你，也不知道你会写出什么样的书。但只要能让外界了解工业化农场里的状况，就是件好事。在这件事上，只要是真相就足够有力了，无所谓你从哪个角度去写。

　　但我希望你别把我写成总在杀动物的样子。其实我只干过四次，都是迫不得已。一般我都会把重病的动物送去医院。刚才那只鸡实在太痛苦了，我不忍心让它继续受折磨。工业化农场都会计算，怎样给动物最低限度的生存条件又不让它们断气。这就是他们的商业模式——那些动物能长多快，一个笼子能塞下多少只，它们能吃多少，能病到什么程度而不至于死掉。

　　这不像动物实验，你还可以说动物的牺牲有重要意义。这只是我们的食物。你说说看：为什么我们最原始的感官——味觉不能像其他感官一样受道德约束？仔细想想就会觉得这不正常。为什么欲火中烧时我们不能强奸动物，肚子饿时却能杀一只动物来吃？忽略这类问题很容易，要做出回答却很难。假如一个艺术家为了某种视觉效果而创作了活体肢解动物现场，你会做何感想？你会想反复听动物被折磨的声音吗？任何其他感官都不会像味觉一样，任由我们对动物为所欲为。

　　如果我误用了一家公司的商标，我可能会因此坐牢。如果一家公司虐待数亿禽类，受法律保护的却是这家公司。我们生活的环境就是如此，将动物当木头对待才是常规，将动物当生命对待就会被认为是激进。

　　在法律禁止企业雇用童工之前，也有公司待未成年员工不薄。社会之所以禁止童工，并不是因为儿童的工作环境一定很糟，而是因为一旦把这种权力交给企业，他们就有可能滥用。当人类认为我们吃动物的权利高于动物不受折磨的权利，实质上就是在滥用权力。我不是在凭空瞎说。这是现实。看看那些工业化农场吧。看看我们利用科技对动物都干了些什么。看看我们打着"动物福利""人道"的旗号，实际却在做什么，再来决定你要不要吃肉吧。

3

我是工业化农场的一员 [3]

每当有人问我的工作，我就说我是个退休农民。我6岁就开始给牛挤奶。我们住在威斯康星州。爸爸有一个小农场，大约养了50头牛，在当时是很典型的农场。我每天都很努力地干活儿，直到我离开家。那会儿我有些厌倦了，觉得肯定有更好的农业模式。

高中毕业后，我读了一个动物科学学位，然后进入一家鸡肉公司工作。我参与管理和设计火鸡农场，并提供配套服务。之后我辗转去了好几家综合性公司。我管理过的大型农场，是有上百万只畜禽的那种。我做过疾病管控、畜群管理，其实就是解决各种问题。农业就是这么回事。现在我专攻鸡的营养与健康。我做的是农业综合经营，有人说是工业化农场，我不在乎你用哪种说法。

跟我长大的农场相比，这是一个截然不同的世界。过去30年，物价涨了不少，但食品没怎么涨价，尤其是肉类。为了生存——我不是说发家致富，而是能够不挨饿、有条件送孩子上学、必要时买得起新车——农民必须持续提高产量。这是简单的数学题，我说过我爸爸有50头牛，而如今一家牛奶场想维持下去，至少要 1200 头牛。这是最低限度。一个家庭管不过来 1200 头牛，所以你必须雇 5 到 6 个员工，每人负责一个环节：挤奶、疾病管控、照看畜群，等等。这样效率高，你才能糊口。很多人想当农民是因为向往丰富多彩的乡村生活，但现在已经不是这样了。

农场另一个应对经济压力的方式，就是以尽可能低的成本让动物产生尽可能高的价值。所以要加快它们的生长速度，提高饲料转化率。只要食物价格不随其他物价上涨，农民就不得不降低生产成本，选择那些基因符合要求的动物，忽视动物福利。系统默认有损失。如果一个畜棚有 5 万只肉鸡，头几周就会死掉几千只。我爸爸当年损失一头牛都难以承受。现在大家都默认会有 4% 的损失。[4]

我没有掩饰这些缺陷，我想对你开诚布公。这是一个异常庞大的系统。它是完美的吗？不，没有系统是完美的。如果有人告诉你，他有养活亿万人的完美方式，那你可得当心。散养鸡和草饲牛都很好。我也觉得这是很好的发展方向。但这种方式没法养活全球人口。不可能。你不可能用散养鸡蛋养活几十亿人。有人热衷于谈论小农场经营模式，我管这叫"玛丽·安托瓦内特症"*：人民吃不上面包，就让他们吃蛋糕嘛。是高产农业让所有人都有饭吃。记住这点。如果我们偏离这个模式，动物福利或许会得到改善，环境说不定也会更好一些，但我不想回到人人都挨饿的年代。

---

* 玛丽·安托瓦内特是法国国王路易十六的王后，以生活奢侈闻名。

当然，你可以说少吃一点儿肉就行，但我告诉你：没人想少吃肉。你可以像善待动物组织那样，假装全人类会在一夜之间爱上动物，从此拒绝吃肉，但历史告诉我们，人类完全可以一边爱动物一边吃动物。在我们努力用现有模式养活大家都已经很困难的情况下，幻想一个素食主义世界，这不仅幼稚，甚至可以说不道德。

要知道，是美国农民喂饱了全世界。二战后他们被要求这么做，而他们也确实做到了。从前没人能像现在这样吃。蛋白质从未如此便宜。动物有地方住，吃得饱，长得好。动物当然会生病，会死。你觉得野生动物是如何生活的？它们是自然死亡的吗？它们死之前会被击昏吗？野生动物经常活活饿死，或是被其他动物撕成两半。这才是它们的死法。

现在大家对食物的来源一无所知。食物既不是合成的，也不是实验室里做出来的，它们是养出来的。让我感到厌恶的是，消费者装出无辜的样子，但其实是他们告诉农民要怎么做的。他们想要廉价食物，我们就生产廉价食物。如果他们想要散养鸡蛋，付的价钱要高得多。就是这样。大型农场层架式鸡笼里生产的蛋便宜不少。这种模式更高效，因此会更持久。对，我就是说工业化农场模式会更持久，我知道，不持久正是人们反对这种模式的理由。但是从中国到印度再到巴西，对动物产品的需求持续增长，而且速度很快。你认为家庭农场能养活100亿人吗？

几年前，有两个年轻人找到我的一个朋友，说想拍一部关于农场生活的纪录片。他们看上去人不错，我朋友就答应了。

但在他们编辑出来的视频里，农场在虐待火鸡。他们甚至说那些火鸡被强奸了。我知道那家农场，我去过很多次，我可以负责任地说，那些火鸡都被照看得好好的，产量也很高。有些事脱离了背景就会被歪曲。初次来到农场的人往往不明白自己看到的是什么。这个行业并不总是光鲜，但不能把令人不快的东西与错误的东西混为一谈。每个拿摄影机的孩子都以为自己是兽医学家，天生就知道那些我们花了很多年才学到的东西。我知道需要用有煽动性的画面鼓动人，但我更需要真相。

20世纪80年代，业界曾试图与动物权益组织沟通，但被攻击得体无完肤。火鸡行业团体决定就此打住。我们建起高墙，结果就这样了。我们不跟外界透露情况，不让人进来参观。这是行规。善待动物组织并不想商讨如何改变农场，他们想终结农场。他们对现实世界完全没有概念。在我看来，现在我正在跟一个敌人对话。

但我说的都是真心话。这个话题很重要，但激进分子的大声嚷嚷掩盖了真实情况。我不想暴露我的真名，但并不是因为我感到羞耻。我没什么好羞耻的。你必须看到全局。我上头还有老板，我也得养家糊口。

我能提个建议吗？在忙着四处看之前，先做些功课。不要相信你的眼睛，要相信你的头脑。多了解动物，了解农业和食品经济，了解历史。从头开始。

4

第一只鸡

你的后代将被称为家鸡、小鸡、公鸡、母鸡、家禽、明日之鸡[*]、肉鸡、蛋鸡、麦当劳先生[5]，等等。每个名字背后都有一个故事，但没有任何关于你的故事，你与所有动物都未被命名。

起初，和所有动物一样，你根据自己的本能与偏好生育后代，不被饲养，无须劳作，也不受保护。你不会被贴上商标或价签。没有人想过将你变成自己的财产。

身为野公鸡，你巡视领地，一旦发现入侵者便会发出复杂的警告声，必要时还会用尖喙与利爪保护同伴。身为野母鸡，你在小鸡破壳前就与它们交流，并根据它们细小的叫声来调整身体姿势、调节体重分布。[6]《创世记》第二句"神的灵运行在水面上"常借用你张开翅膀保护小鸡的形象。耶稣将你视为爱的代表："我多次愿意聚集你的儿女，好像母鸡把小鸡聚集在翅膀底下。"[7]但那时《创世记》还没写成，耶稣也还未诞生。

第一个人

你所有的食物都是亲自觅得。大多数情况下，你不会与你要吃的动物生活在一起。你不会与它们分享领地，也不会与它们争抢地盘，你必须到野外去寻找它们。你杀死的都是陌生动物，除了狩猎时刻，你们毫无交集，你把它们视为平等的对手。[8]你深知动物的力量：它

---

[*] 参见本书第 95 页。

们拥有人类所不具备的能力，可以对人类构成威胁，能够孕育生命，它们的存在意义非凡。你创造的仪式与传统离不开动物。你把它们画在沙地、泥土和洞穴的墙上——不仅有物，还有动物与人相结合的形象。[9] 动物与你相似又不同。你们的关系复杂而平等。但这一切都将改变。

第一个问题

公元前 8000 年，曾是野生禽类的原鸡成了家禽，羊和牛也成了家畜。动物与人的关系变得紧密，这意味着新式的照料、新式的暴力。

从古至今，驯养被描述为人类与其他物种共同进化的过程。总的来说，人类与被取名为鸡、牛、猪等的动物达成一项协议：我们来保护你们，给你们提供食物，相应地，你们要提供劳力，交出牛奶与鸡蛋，有时还会被杀死吃掉。野外生活并不轻松，自然是残酷的，因此这是笔好交易——这是人类的逻辑。动物似乎也很满意。迈克尔·波伦在《杂食者的两难》一书中写道：

> 驯养是一种进化而非政治上的发展。不是人类在上万年前将这一政体强加给动物，而是少数投机取巧的物种经过各种尝试，吸取各种教训后发现，它们更愿意与人类结盟，以获得生存与发展的机会。人类为动物提供食物与保护，换取牛奶、鸡蛋以及它们的肉……从动物的角度看，与人类的交易获得了巨大成功，至少在我们这个时代之前是如此。[10]

这是后达尔文主义版本的"动物同意"神话。农场主借此为自己的暴力开脱,农业学校的课本也以此为准。这种说法背后的思路是,物种的整体利益与其个体的利益往往是相悖的,但是,如果物种消亡,个体也不会存在。根据这一逻辑,如果人类全都吃素,就不会有农场动物(这种说法站不住脚,现在就有很多"观赏性"的鸡和猪,还有用于陪伴的动物,以及为庄稼提供肥料的动物)。在他们看来,实际上动物渴望被农场圈养,它们就喜欢这样。有农场主告诉我,他们有时忘了锁门,但没有动物会逃走。

在古希腊德尔斐神谕的仪式上,祭司会朝进献的动物头上洒水,如果动物甩开水滴时点了头,祭司便会认为它同意被杀,接着宣布,"那只点头的动物……你可以光荣地牺牲了。"[11]俄罗斯雅库特人的传统宣言则是:"你向我走来,尊贵的熊,你希望我杀死你。"[12]在古代以色列人的传统中,为以色列赎罪而牺牲的红色小母牛必须自愿走上祭坛,否则仪式无效。[13]关于"动物同意"的神话有各种版本,但无一不暗示,至少是隐喻,这是"公平交易",动物共谋了对自己的驯养与屠宰。

关于神话的神话

然而,做出抉择的并非物种,而是个体。即便物种能够做选择,牺牲个体福祉来换取物种永恒的逻辑也很难站得住脚。照这么说,为了不至灭亡,人类也能接受奴役。(我们为动物书写的座右铭不是"不自由,毋宁死",而是"宁被奴役,也要生存"。)进一步说,绝大部分动物都无法做出如此复杂的安排。鸡有很多本领,但它们不懂如何与人类做交易。

当然,这些反对的理由可能没说到点子上。如果要问什么是对宠物的公平或不公平待遇，大部分人都答得上来。我们可以设想让狗或猫"同意"牺牲自由的条件。比如，在几年时间内日复一日地给一只狗美味食物、让它在户外与同伴玩耍、自由出入所有空间，并让它了解野外生存的艰辛，作为交换，它可能因此同意最终被吃掉。

人类擅长并且总是想象这类故事。而"动物同意"的故事之所以流传至今，也表明人类清楚其中的利害关系，也渴望做对的事。

在历史上，绝大部分人都将吃动物视作日常，这没什么好奇怪的。肉不仅能饱腹，闻起来和吃起来也很棒。（同样不奇怪的是，许多文明的历史上，都有奴役他人的现象。）但是自有记载以来，人们对吃动物导致的暴力与死亡就有着矛盾的心理。那些传说正是因此而生。

第一次遗忘

如今我们很难接触到农场动物，很容易就将这一切抛诸脑后。以前的人更熟悉它们，也更了解它们的遭遇。他们知道猪活泼、聪明又好奇（可以说"像狗一样"），而且有复杂的社会关系（"像灵长类一样"）。他们见过关在笼中的猪的神情和表现，听过它们被阉割或屠宰时的刺耳尖叫。

因为与动物的隔离，我们不再质疑自己的所作所为对它们有什么影响。吃肉带来的问题也变得模糊：我们眼中的动物不再是有喜乐哀愁的个体，它们不会摇尾巴，也不会惨叫。哈佛大学哲学教授伊莱恩·斯卡利认为，"美只存在于具体事物中。"[14] 相反，残忍总是偏爱抽象的概念。

有人认为打猎或亲手屠宰动物就能让吃肉变得合情合理。这是愚蠢的想法。就像谋杀只能证明你具备杀人的能力，但绝不能证明这一行为合理与否。

亲手杀死动物往往是假意正视问题，实际遗忘其中的残忍。这比彻底忽视更有害。你可以叫醒一个沉睡的人，但永远无法叫醒一个装睡的人。

第一条动物伦理 [15]

曾几何时，对畜牧产品的需求与对杀生的愧疚共同催生了第一条有关家养动物的伦理准则，既不是不要吃肉（当然了），也不是漠不关心，而是：吃并关心。

吃并关心中的关心并不是源自传统道德，而是基于经济需求。人类与驯养动物的关系中本就包含关心与照料，即给畜群提供食物和安全的环境。照料农场动物是笔好买卖。人类只要提供牧羊犬和干净（充足）的水，就能阉割它们、驱使它们、抽它们的血、割它们的肉、替它们打上烙印、迫使它们母子分离直到最终宰了它们。就像是动物为了换取警察的保护，先将自己献祭给了警察：保卫与服务 *。

吃并关心这一伦理经过上千年的时间，在不同文化中演变出不同版本。印度教禁食牛肉，伊斯兰教和犹太教强制要求干净利落的屠宰，俄罗斯苔原上的雅库特人则宣称，被杀是动物自身的意愿。

但这一伦理没有继续流传。它并非慢慢消亡，而是瞬间死去。确切地说，是在一夜之间被抹杀的。

---

*　"Protect and Serve" 是洛杉矶警察局的座右铭，这里暗讽美国的警民关系。

第一名流水线工人

19 世纪 20 年代末到 30 年代，早期"加工厂"（即屠宰场）从辛辛那提蔓延至芝加哥，用一群重复机械劳动的麻木工人取代了经验丰富的屠夫。[16] 每人只负责一道程序：割断喉咙、止血、切尾巴、切腿、切屁股、切侧腹、剥头皮、凿头骨、掏内脏、撕后背，等等。[17] 亨利·福特承认，正是这种高效作业给了他启发，才有了汽车生产流水线，并引发了制造业的变革。（组装汽车的流程正是把分解牛的过程倒过来。）[18]

随着铁路的发展，尤其是一 1879 年冷冻车厢的发明，越来越多的牲畜从四面八方被集中到一起，提高屠宰与加工效率的压力与日俱增。[19] 如今超市里的肉可能来自另一个大洲。肉类产品平均的运输距离是 2400 多千米，相当于从纽约开车到得克萨斯州。[20]

1908 年，传送带被引入屠宰场流水线，从此管理人员得以控制工人的工作速度。[21] 这一速度在 80 多年里不断提高——许多地方增至 2 到 3 倍，[22] 同时屠宰失误与工人事故也空前增多。[23] 当时加工方式的巨变尚未影响到养殖方式，直到 20 世纪初，动物们大多仍生活在规模不一的传统农场中，与人们一贯的想象并无分别。当时的农民还没想过可以完全漠视它们的生存质量。

第一个工业化农场主

1923 年，在德玛瓦半岛（分属特拉华州、马里兰州和弗吉尼亚州），一位主妇遭遇了一场近乎滑稽的小意外，由此开启了现代化养鸡业，以及日后遍布全球的工业化农场。[24] 塞利娅·斯蒂尔经营着一座小型家庭养鸡场，有一次她订购了 50 只鸡仔，却收到了 500 只。

她决定将它们全部留下来，并尝试将它们关在室内过冬。在新型饲料添加剂的帮助下，小鸡们活了下来。[25] 斯蒂尔开始了一轮又一轮实验。1926 年，她养的鸡达到 1 万只，[26] 到 1935 年时，数量增至 2.5 万只。[27]（1930 年，美国农场平均的动物数量仅为 23 只。[28]）

10 年之后，德玛瓦半岛成为世界养鸡业之都。现在，特拉华州的苏塞克斯郡每年产出 2.5 亿只肉鸡，高出全美其他郡至少 1 倍。[29] 家禽养殖是这个地区的主要产业，也是该地的主要污染源。[30]（德玛瓦半岛农业区 1/3 的地下水都受到硝酸盐污染。[31]）

在被剥夺运动和阳光的情况下，斯蒂尔的鸡能够挤在一起存活几个月，要感谢一项新发现：向鸡饲料中添加维生素 A 和 D。[32] 另外，如果不是人工孵化器的普及，斯蒂尔根本不可能一下子订购到那么多小鸡。多种因素——经过世代的技术积累——凑到一起，促成了意想不到的结果。

1928 年，赫伯特·胡佛承诺要让"每个家庭都能吃上鸡"。这一承诺很快被兑现，甚至被超越，尽管是以出人意料的方式。20 世纪 30 年代早期，亚瑟·普度和约翰·泰森等工业化农场的缔创者开始涉足养鸡业。他们参与和推进了二战前现代农业科技的蓬勃发展，为养鸡业带来了一系列"创新"。政府补贴生产的杂交玉米为养鸡场提供了廉价饲料，[33] 并很快改由机器自动投喂。[34] 农场开始统一给鸡去喙，通常是用热刀片烧掉小鸡的喙（喙是小鸡探索周边环境的主要工具），不久后这一流程也改成自动化。[35] 自动化的灯光与风扇令鸡群的密度进一步提高，最后，通过调控光线操控鸡的生长周期，如今这已成为行业标准。

鸡一生的方方面面都经过设计与调控，好以更低的成本产出更高的价值。是时候迎来另一次突破了。

第一只"明日之鸡"

1946 年，养鸡业将目光投向基因，在美国农业部的帮助下，发起了一场名为"明日之鸡"的育种大赛，旨在培育出消耗饲料最少、可食用肉最多的鸡。来自加州马里斯维尔的查尔斯·凡特雷斯出人意料地夺得了冠军。（当时新英格兰地区才是主要的家禽生产地。）凡特雷斯培育出的红羽科尼什新汉夏鸡引入了科尼什鸡的血统，据一份业内周刊评论，"这种宽阔的鸡胸将很快成为战后消费市场的宠儿"。[36]

20 世纪 40 年代，磺胺类药物和抗生素被加入鸡饲料，进一步提高了鸡的生长速度，同时抑制了集中圈养导致的疾病。[37]饲料和药物养殖伴随"明日之鸡"蒸蒸日上，到 1950 年代，鸡分化成截然不同的两类——蛋鸡和肉鸡。[38]

与饲料和饲养环境一样，如今鸡的基因也被人工操纵，以产出更多的鸡蛋（蛋鸡）或鸡肉，尤其是鸡胸肉（肉鸡）。从 1935 年到 1995 年，"肉鸡"的平均重量增长了 65%，生长时间缩短了 60%，饲料需求降低了 57%。[39]打个形象的比方，这相当于儿童只需吃燕麦能量棒和维生素软糖，就能在 10 年内长到 135 千克。

基因改造是决定性的变革：它决定了鸡的饲养方式。药物与圈养从提高利润的选择变成了维持鸡群健康甚至存活的必要手段。

更糟的是，这些巨型鸡并非只占据市场的一小部分，现在它们是消费者唯一的选择。在美国，用于饲养的鸡曾经有十几种（泽西巨鸡、新汉夏鸡、普利茅斯岩石鸡），不同环境培育出各具特色的品种。

如今我们只有工业化鸡。

上个世纪五六十年代，鸡肉公司开始完成垂直整合。他们掌管着基因库（现在全球 3/4 的肉鸡基因库都掌握在两家公司手中[40]）、鸡（农民只充当饲养员的角色，就像野营时的营地顾问）、必需的药物、饲料、屠宰、加工以及市场品牌。改变的不仅是技术：遗传单一性取代了基因多样性，大学里的动物养殖系变成了动物科学系，一度由女性主导的行业被男性接管，经验丰富的农民被拿工资的合同工所取代。很难说是谁掀起了这场竞赛。但结果就像是地球倾斜了，所有人一道滑向深渊。

第一类工业化农场

工业化农场与其说是一场革新，不如说更像一场运动。光秃秃的隔离带取代了草坡，集中安放的层架取代了谷仓，基因改造后的动物——不能飞的鸡、无法在室外生存的猪、无法自然繁殖的火鸡——取代了农场曾经的居民。

这些改变意味着什么呢？雅克·德里达是少数几位就此问题发表过看法的当代哲学家。他表示，"无论你如何看待这场运动，无论你认为它会造成何种行为、技术、科学、法律、道德或政治上的影响，你都无法否认它已经发生，没人能否定这种人类对动物的空前征服。"他继续写道：

> 这种征服……以最中立的道德立场也应称之为暴力……没有人能严肃或长时间地否认：人类尽其所能地掩饰这种残暴，或视而不见，导致了在全世界范围内对这种暴力的遗忘与误解。[41]

20 世纪的美国商人、政府和科学家一道，策划并实现了这一系列农业变革。他们将视动物为机器的现代早期哲学主张（笛卡尔是这一主张的提倡者）变成了千千万万农场动物的现实。

从 20 世纪 60 年代开始的行业刊物中，蛋鸡被视为"一款高效的转换机器"（《农民与畜牧业者》），猪就"像一台工厂机器"（《养猪场管理》），到了 21 世纪，将会是全新的"可设定行为的电子生物食谱"（《农业研究》）。[42]

这些科学成就成功地提供了廉价的肉、奶、蛋。过去 50 年，工业化农场从鸡肉推广至牛肉、奶制品和猪肉的生产。[43] 如今，美国一栋新房的售价比过去增长了 15 倍，一辆新车是过去的 14 倍还多，而牛奶的价格只涨了 3.5 倍，鸡蛋和鸡肉的涨幅更是不到 1 倍。再算上通货膨胀，动物蛋白的价格比历史上任何一个时期都要低。（除非将外部成本——农业补助、环境影响、人类疾病，等等——纳入考量，那这一价格就比历史上任何一个时期都要高。）

如今，供食用的动物全都被工业化农场主导了——99.9% 的肉鸡，97% 的蛋鸡，99% 的火鸡，95% 的猪和 78% 的牛。[44] 但仍有少数充满活力的异类。小型养猪场之间开始寻求合作，保护自己。可持续渔业和牧牛场 * 也抢得一定市场份额，并得到了媒体的关注。但作为动物养殖业中最大、影响最深远的变革（被屠宰的陆栖动物中，99% 是农场饲养的鸡），养鸡业的转型已经完成。令人难以置信，真正独立的传统养鸡场可能只剩下一个了……

---

* 英文为 ranching，不同于工业化农场里圈养的牛，牧牛场需要在一定区域的牧场中养牛。

5

我是最后一个传统养鸡场主

我叫弗兰克·里斯，我经营一家火鸡农场。我一辈子都在干这件事，我也说不清缘由。我在乡下上的小学，学校只有一间房间。妈妈说我最早的作文之一就是《我和我的火鸡》。

我从小就喜欢它们漂亮、威风的模样，喜欢它们走路时神气十足的姿态。我不知道该怎么解释。我就是喜欢它们的花羽毛，喜欢它们的性格。它们特别好奇、活泼、友善，充满了活力。

晚上我坐在家里，光听声音就能知道它们好不好。我跟火鸡打交道快 60 年了，我听得懂它们的语言。我听声音就知道是两只火鸡在打架，还是有负鼠钻进了谷仓。它们受到惊吓时的叫声跟兴奋时的叫声完全不同。雌火鸡的声音尤其有趣。她跟自己的幼雏说话时声音变化特别丰富。小鸡宝宝们都能听懂。她可以告诉它们"跑过来藏到我身下"或"从这儿去那儿"。火鸡会关注周边情况并互相交流——它们有自己的世界、自己的语言。我不是在把人的特点加在它们身上，因为它们不是人类，而是火鸡。我只是告诉你火鸡是什么样。

很多人路过我的农场都会放慢步子。很多学校、教堂和四健会*的孩子都来过这儿。有小孩问我火鸡怎么会出现在树上或房顶上，我说它们是飞上去的，他们不相信！从前美国全是这样散养的火鸡。几百年来，农场里养的、餐桌上吃的都是这样

---

* 4-H Club，创立于 1902 年的美国非营利青年组织，旨在促进青少年脑、心、手、体的全面发展。

的火鸡。现在只有我的火鸡还会飞，我是唯一一个还在这样养火鸡的人。

在超市买的火鸡，没有一只是能够正常走路的，更别说跳或飞了。你知道吗？它们都没法交配。即便打着有机、散养、无抗生素标签的也一样。它们全都有同样的白痴基因，身体根本没法正常运作。无论哪家商店、哪家餐馆里卖的火鸡都是人工授精的产品。如果只是为了提高效率也就罢了，可这些动物都没法自然繁殖，你说这能长久吗？

我养的这些家伙严寒冰雪都不怕。那些工业化农场的火鸡可受不了这些。这里这些家伙在一尺深的雪地里走来走去都没问题。我的火鸡，趾甲、翅膀和喙一样都不缺——什么都没被剪过，什么都没被破坏。我们不打疫苗，不喂抗生素。没这个必要。它们成天在锻炼。而且它们的基因没被搞坏，天生有强大的免疫系统。我从没损失过火鸡。你上哪儿也找不到比我这儿更健康的家禽了。肉类行业真正的革命源于他们发现不需要用健康的动物也能赢利。用生病的动物更好谋利。为了满足我们随时随地只花小钱就能购买一切的愿望，动物付出了代价。

我们不需要打着"生物安全"的幌子阻止人来农场。看看我的农场吧。任何人都能来参观，我也很乐意带我的动物去参展或参评。我经常跟人说，去参观工业化农场吧。你甚至都不用进去，一靠近就能闻到冲天恶臭。但没人想听这些。他们不想知道大型火鸡养殖场都配有焚化炉，用来处理每天死去的火鸡。他们不想听到10%到15%的火鸡会死在被运去加工厂的路上，这是行业默认的运输死亡率。你知道我的火鸡在这个感恩节的运输死亡率是多少吗？0。但这些数字没人感兴趣。只要能省钱。就让 15% 的火鸡窒息而死吧，把它们扔进焚化炉就行。

工业化农场的鸡群为什么会全都一起死光？人吃了那些鸡又会怎样？前不久一个当地儿科医生告诉我，现在越来越多从前闻所未闻的病例。青少年得糖尿病都不稀罕，还有很多连医生都叫不上名字的炎症和免疫疾病。女孩发育得越来越早，小孩对什么都过敏，哮喘严重到没法控制。谁都知道是食物的问题。我们把这些动物的基因搞得一团糟，喂它们生长激素和各种作用不明的药物。然后把它们吃下肚。现在这些小孩是第一代吃这些东西长大的人，我们是在拿他们做科学实验。你说奇不奇怪，几个棒球选手因为使用生长激素引发众怒，与此同时我们却在喂孩子这样的食物？

当代人与农场动物接触得太少了。我从小就被教育要把照看动物放在第一位。吃早饭前要先照顾好动物，不把那些活儿干完就不能吃饭。我们从不度假。总是要有人在家的。我记得有时会出门一整天，我们都很讨厌那些时候，因为如果不在天黑前赶回家，就要摸黑去牧场赶牛和挤奶。无论发生什么，这些活儿都要干完。如果不想承担这种责任，就不要当农民。因为要想做好，这就是必须的。而如果不想做对，那就不要干。就这么简单。我再告诉你一点：如果消费者不想为做得对的农民付钱，那就不该吃肉。

有人会在乎这些。不一定是有钱人，来买我的火鸡的大多都算不上有钱，都是领固定工资的人。但他们愿意为在乎的东西多花钱。他们愿意付必要的价格。对那些不愿为一只火鸡花这么多钱的人，我总是说："那就别吃火鸡。"一个人可以说你没钱，所以顾不上这么多，但不能不顾身体瞎吃。

很多人说买新鲜货，买当地货。那是假的。人们买到的都是同一种鸡，它们的痛苦写在了基因里。现在批量生产的这些火鸡被设计出来之前，有成千上万只火鸡在实验中被杀。腿或膝盖骨要不要再短一点儿？要这样还是那样？人类婴儿有时会天生畸形，我们绝不会让一代又一代复制这种突变，但这就是我们对火鸡做的事。

迈克尔·波伦在《杂食者的两难》中称赞过多面农场（Polyface Farm），但这是个糟糕透顶的农场，是个笑话。乔尔·萨拉丁就是在进行工业化养鸡。你打电话问他吧。对，他是把鸡散养在草场上。但这没有意义，这就像把一辆破本田放到德国的高速公路上，然后说这是一辆保时捷。肯德基的鸡都活不过39天。它们还是幼雏。这些鸡就是长这么快。萨拉丁的有机散养鸡也只能活42天。因为它们是同一种鸡，基因被搞得乱七八糟，因此没法活下去。请停下来想一想：这种鸡都没法活到成年。萨拉丁可能要说他已经尽力了，养健康的鸡成本太高了。但实在抱歉，我没法拍着他的肩膀跟他说他是个好人。这些不是物品，是动物，我们不能就这么对付。要么做对，要么别做。

我从头到尾都坚持做对。最重要的是，我养的火鸡基因跟100年前的火鸡一样。它们是不是比工业化农场的火鸡长得更慢？是。它们是不是吃得更多？是。但你看看它们，是不是很健康？

我从不邮寄火鸡幼雏，它们受不了在寄送途中的压力，一半都会死亡；就算活着送达的，体重也会减轻2千克以上，必须立即给它们水和食物。很多人不在乎，但我在乎。我养的火鸡可以尽情享受草场，我从不残害它们的身体，从不喂它们药物。我不会通过调控灯光或让它们挨饿来人为操纵它们的生长周期。天气太冷或太热时我都拒绝运送火鸡。我只在夜里运送，那时它们会更平静。我让每辆卡车只装一定数量的火鸡，不会让它们挤成一团，把每一寸空间都塞满。我的火鸡在车里都能站直，双脚绝不会落不了地。当然这样花的时间会更长。到了加工厂也得慢慢来。我付他们两倍的钱，让他们多花一倍的时间来处理。他们得慢慢地把火鸡从卡车上搬下来，不能折断它们的骨头，也不能给它们造成不必要的惊慌。一切都是靠人工小心地完成。从没出过差错。火鸡被挂起来之前都会被弄晕。其他地方都是把它们直接挂起来，然后拖去通电的水池。我们不这么做。我们一次处理一只鸡，都是人工处理，一次一只才能做好。我最不愿看到的就是动物被活生生扔进沸水里。我姐姐在一家大型鸡肉处理厂工作过。当时她需要钱。两个星期她就再也受不了了。这是很多年以前的事，但她到现在都经常说起那儿的恐怖。

我相信人是关心动物的，只不过他们不愿了解真相，或为之付钱。现在 1/4 的鸡都有应力性骨折。这是不对的。它们被塞得严丝合缝，被自己的粪便包围，终日不见阳光，指甲都绕着鸡笼的栏杆生长。这是不对的。它们被活活屠宰。这是不对的，大家都知道这不对。他们心知肚明。他们只是需要行动起来。我不是高高在上地说服别人按照我认为对的去生活。我只想说服他们遵循自己认为对的标准。

我妈妈有印第安血统。我大概也继承了印第安人道歉的传统。秋天，别人都忙着感恩，我却不停道歉。我讨厌看着火鸡被装进卡车，送去屠宰场。它们会回头看着我，像在说，"放我出来"。杀生实在是……有时我会安慰自己，至少我把它们照顾得足够好。我看着它们的眼睛，跟他们说："请原谅我。"我没法不这样。我把它们当成了人。动物就是这么复杂。晚上，我会走出去让那些跳过篱笆的家伙回来。它们都认识我，一看到我就会跑过来，我打开门，它们就会自个儿进来。但同时，我要把上千只火鸡送上去屠宰场的卡车。

很多人只看到最后的死亡。我希望他们能关注动物的一生。如果要在被割断喉咙与遭受6周的痛苦之间选择，我宁愿早点儿被杀，割断喉咙只需要大概3分钟。但大家只盯着这一刻，然后说，"这些动物不会走路或不能动弹有什么关系，反正最后总是要被杀的"。如果是你的孩子，你会愿意让他遭受3年、3个月、3周、3小时甚至3分钟的痛苦？火鸡幼雏当然不是婴儿，但它也能感受到痛苦。我见过的所有业内人士——经理、兽医、工人，等等——都不否认它们有痛感。所以你愿意让它们遭受多少痛苦呢？这是问题的核心，每个人都应扪心自问。为了盘中餐，你能在多大程度上容忍对动物的折磨？

我的侄子和他妻子有过一个孩子，一出生就被医生宣告没法活下来。他们是虔诚的教徒，抱了那个孩子20分钟。那20分钟里她活着，没有痛苦。她是他们生命的一部分。他们说这20分钟拿什么也换不走。他们感谢上帝让她拥有了生命，哪怕只是短短20分钟。所以这你要怎么看？

瞠目结舌

平均而言，每个美国人一生要吃掉 21000 只动物。[1]

禽流感

布瑞维格米申是白令海峡上一座很小的因纽特人村庄。当地政府唯一的全职工作人员是一位"财政官"。没有警察，没有消防员，没有公共设施维护工人，没有垃圾处理人员。有趣的是倒有一个网络交友服务。（当地仅有 276 位居民，我本以为如果有人单身应当谁都知道。）网站上有两位女士和两位男士在征友，本来正好可以凑成两对，可惜据我上次看到的信息，其中一位男士对女性不感兴趣。自称"身高 1.64 米的帅哥"的"一号可爱男子"是一位非洲黑人，怎么看也不像是这个村庄的居民。而这里更令人诧异的居民要属约翰·赫尔丁，一位身高 1.83 米的瑞典人，他一头白发，蓄着白色山羊胡子。赫尔丁 1997 年 8 月 19 日来到布瑞维格米申，这趟行程他只告诉了一个人。他一到这里就开始铲雪挖土。冰层之下埋着尸体。他在挖掘一座大型坟墓。

埋在极地冻土之下的是 1918 年流感大爆发的受害者。唯一知道赫尔丁计划的是他的同事，科学家杰弗里·陶本博格，后者一直在寻找 1918 年流感的致病源。

赫尔丁此行非常及时。就在几个月之前，香港爆发了首例人类被禽类感染 H5N1 病毒的病例，这一事件可能具有重要的历史意义。

这次禽流感疫情共造成 6 人死亡，其中第一例是一名 3 岁男孩。[2] 这个病例之所以重要，是因为当一种高致病性病毒实现跨物种传播时，就像打开了一道缺口，新的大流行病可能随之而来。如果不是当地卫生部门反应迅速（或者如果我们的运气差一点儿），这场疫情很可能演变成全球性的大流行病。现在仍有这种可能性。即便 H5N1 病毒早已从美国媒体消失，但其引发的担忧依然笼罩全球。我们不知它是会继续制造少数死亡案例，还是会变异成更致命的版本。H5N1 这样的病毒就像野心勃勃的开拓者，能够不断创新，坚持不懈地破坏人体免疫系统。

正是出于对 H5N1 的恐惧，赫尔丁和陶本博格想要找到 1918 年大流行病的根源。他们这么做有充足的理由：1918 年疫情的传播速度之快、死亡人数之多都空前绝后。[3]

流行性感冒

1918 年的大流行病经常被称为"西班牙流感"，因为西班牙媒体是唯一对它进行充分报道的西方媒体。（有推测认为这是因为西班牙当时没有像其他国家那样卷入战争，因此媒体没有受到管制或被分散注意力。）虽然叫"西班牙流感"，但实际上这场流感席卷了全球——正因如此，它不是简单的流行性疾病，而是大流行病。它既不是人类历史上第一场流感大流行，也不是最近的一场（1957 和 1968 年都有过流感大流行），但它造成的死亡人数最多。艾滋病在 24 年里导致了 2400 万人死亡，而"西班牙流感"在 24 周内就杀死了多达两倍的人。[4]甚至有新的研究表明，全世界有5000万至1亿人死于这场流感大流行。[5]美国约1/4的人，甚至全世界约1/4的人都因感染而生病。[6]

大多数流感病毒只对儿童、老人或病人有致命危险，然而"西班牙流感"病毒连身强力壮的年轻人也没放过。实际上25岁到29岁的人群死亡率最高。[7]在流感高峰期，美国人的平均预期寿命降至37岁。[8]这场疫情对美国乃至全世界的影响如此之大，我很惊讶竟然没有在学校学到过这段历史，也没听说过任何纪念仪式或相关故事。"西班牙流感"盛行之时，有20000美国人在一周之内死亡。[9]政府动用了蒸汽挖掘机来挖掘万人冢。[10]

如今卫生部门害怕的就是这样的灾难。很多人坚持认为H5N1病毒必将引发流感大流行，问题只是何时会爆发，以及造成的后果将有多严重。

即便H5N1病毒的影响最终没有超过最近的猪流感，卫生部门依然无法保证能够完全预防流感大流行。世界卫生组织总干事承认："我们知道大流行病无法避免……它终要爆发。"[11]美国国家科学院医学研究所近来也表示，大流行病"不仅无法避免，而且很快就该发生了"。[12]近代历史上，平均每27.5年就会爆发一次大流行病，而上一次爆发是1968年。科学家无法准确地预知大流行病的爆发时间，但他们知道危险已迫在眉睫。[13]

关于可能爆发的流感大流行，世界卫生组织官员掌握着最大规模的科学数据。因此当这个一贯不愿引发恐慌的官方组织开始向每个人宣传"流感大流行须知"时，很难不让人紧张。其内容包括：

下一场流感大流行可能很快爆发。

所有国家都将受到影响。

疾病将广泛传播。

医疗设备将会紧缺。

疫情将会造成大量死亡。

经济将遭受重大损失，社会可能陷入巨大混乱。[14]

世界卫生组织中相对保守的观点也认为，一旦禽流感能够传染给人类，且能够通过空气传播，"预计死亡人数会达到 200 万至 740 万"（与 H1N1 病毒引发的猪流感相近）。[15] "这一数字是基于疫情较轻的 1957 年大流行算出来的。若病毒强度接近 1918 年流感，死亡人数将更高。"还好他们没将更高的死亡人数写入"须知"列表。但不幸的是，他们无法断言究竟哪个数字更准确。

赫尔丁从 1918 年流感的死者中挖出了一具女尸，取名露西。他取出露西的肺，寄给了陶本博格，后者在样本中检测出了令人震惊的发现。他们将结果发表在了一篇 2005 年的论文中。[16] 他们发现，1918 年的流感病毒源于禽类，那是一场禽流感大流行。一个重要的科学谜团终被破解。

同时有其他证据表明，1918 年的病毒在猪体内产生了变异[17]（猪能被人类病毒和禽类病毒感染[18]），甚至在人身上传播时也发生过变异，才达到最终极具致命性的版本。真相究竟如何我们无法确定。而我们可以确定的是，科学家达成共识：能够在农场动物和人类之间实现跨物种传播的新病毒，将会在不久的将来造成全球性的健康危机。我们面临的不只是禽流感或猪流感，而且是全部人畜共患病病原体（能够由动物传染给人或由人传染给动物的病原体），其中能够在人类、禽类和猪之间传播的病毒尤为令人担心。

我们无法忽视这个事实：人类历史上死亡率最高的疾病和当今最大的公共健康威胁，都与农场动物的健康有关，尤其是禽类。

流感之源

流感研究中的另一个关键人物是病毒学家罗伯特·韦伯斯特，他证实了人类流感的源头全部来自禽类。据他的"谷仓理论"推测，"引发人类大流行病的病毒是从家禽的流感病毒中获取了部分基因"。[19]

1968年，香港爆发流感大流行（其变异毒株每年在美国造成的死亡多达20000例[20]）。数年之后，韦伯斯特发现其罪魁祸首是一种杂交病毒，混有在欧洲中部一种鸭子身上发现的禽流感病毒。[21]如今更强有力的证据表明，1968年流感大流行的病毒与禽类的关系绝非例外：科学家们推测，所有流感病毒类型都是来自水生鸟类，诸如鸭子与鹅，并且在世界上传播了超过1亿年。[22]因此可以说，流感归根溯源是我们与禽类的关系。

在此有必要简单科普一下。科学家在野鸭、鹅、燕鸥和海鸥身上发现了迄今所知的全部流感病毒：从H1到最近发现的H16，从N1到N9。[23]家禽身上也携有大量流感病毒。[24]无论是野鸟还是家禽都会感染这些病毒。它们常常携带这些病毒四处迁徙，有时行踪遍及全球，通过粪便将病毒传播到湖泊、河流、池塘中，再经过工业化动物加工处理，进入我们的食物中。

不同哺乳动物易感染的禽类病毒类型不同。例如，对人类而言，最危险的是 H1、H2 和 H3 型病毒，猪是 H1 和 H3 型病毒，马则是 H3 和 H7 型病毒。[25]"H"指的是血球凝集素（Hemagglutinin），即附着在流感病毒表面的一种尖刺状蛋白，具有凝集红细胞的能力。血球凝集素能够与人类和动物细胞表面的特定分子结构——受体——结合，因此充当了流感病毒进入患者身体细胞的介质，就像为敌军搭建的临时浮桥。[26]人类易感染的三种血球凝集素 H1、H2 和 H3 尤其擅长与我们呼吸系统中的细胞受体结合，这就是为什么流感往往从呼吸道症状开始。

最棘手的是一种病毒与另一物种身上的病毒结合，就像 H1N1 病毒（结合了禽类、猪类与人类病毒）。在 H5N1 病毒的案例中，人们最大的担忧就是，可能在猪体内产生对人类具有高传染性的新型病毒，因为猪既容易感染禽类病毒，也容易感染人类病毒。如果一头猪同时感染两种病毒，这两种病毒就有可能交换基因。H1N1 型猪流感病毒很可能就是这样产生的。最可怕的是，这种基因交换产生的新型病毒可能既具备禽流感的高致病性，又具有普通感冒的高传染性。

流感是如何发展到这一步的？现代养殖业要负多少责任？要回答这些问题，我们需要了解我们食用的禽类的来源。家禽生活的环境不仅关系到它们的健康，也关乎我们的疾病。

一只家禽的生与死

我与 C 一道探访的第二家农场由 20 来座畜棚组成，每座畜棚宽约 14 米，长约 150 米，关着约 3.3 万只鸡。[27]我没有随身携带卷尺，也没法一只只去数。但我对这些数字有把握，因为这是如今业界的标准规格——尽管很多公司已经开始建造更大型的畜棚：约 18 米宽，约 154 米长，可容纳 5 万只以上的鸡。[28]

你可能很难想象一个房间内有 3.3 万只鸡是什么感觉。但不用亲眼看见或费劲计算也能知道，肯定挤得相当厉害。美国国家鸡肉委员会在其动物福利指南中推荐的养殖密度为约 0.074 平方米一只鸡。[29]这代表鸡肉行业的"主流"组织眼中的动物福利，从中可见福利这一理念有多少发挥的空间，以及为何除非有可靠的第三方机构认证，否则任何商业标签都不值得信赖。

容我多说两句。我们来想象一下 0.074 平方米的空间——很多动物还没达到这个标准。试着画一下。（你不太可能有机会进入养鸡场参观，但互联网上有不少图片可供参考。）找一张 A4 打印纸，想象一只形似橄榄球的成年鸡站在上面。再想象 3.3 万个这样的空间组成一个大方格。（肉鸡不会被关在层架式鸡笼中。）现在给这个方格围上没有窗户的墙，盖上屋顶。再加上自动喂食器（食物中掺有药物）、水、暖气和通风系统。这就是一座农场。

接着来看养殖。

首先，找一只消耗食物少却长得快的小鸡。新型肉鸡的肌肉与脂肪增长的速度远高于骨骼，[30]无疑会导致畸形与疾病。[31] 1% 到 4% 的鸡会在痛苦的抽搐中死去，这种猝死症是工业化农场的特产。[32]工业化农场导致的另一个病症是腹水，即体腔内过量液体积聚，因这一病症而死的鸡更多（全球约 5% 的鸡因此死亡）。[33] 3/4 的鸡会有一定程度的行走障碍，说明它们遭到慢性疼痛的困扰。[34]另外 1/4 则几乎无法行走，[35]无疑处于疼痛折磨中。[36]

养殖肉鸡幼雏的头一周，每天 24 小时不间断光照。[37]这会促使它们吃下更多食物。然后间歇关灯，让它们每天有 4 小时处于黑暗中——这是保证生存所需的最少睡眠时间。长时间处于这种恶劣的非自然环境中——灯光、拥挤，加上自身庞大身体的负担，小鸡难免会发疯。好在肉鸡一般只能活 42 天 [38]（39 天也越来越普遍 [39]），因此尚未建立起社会等级秩序，不会为此打斗。

无须多言，把大量畸形、喂食过多种药物、压力过大的鸡塞在一个满是粪便的肮脏环境中是不太卫生的。除畸形外，工业化农场中的小鸡还常见眼伤、失明、骨骼细菌感染、脊椎滑脱、瘫痪、内出血、贫血、脱腱、腿部或颈部扭曲、呼吸系统疾病，以及免疫力低下等问题。[40] 科学研究与政府档案都显示，几乎所有小鸡（高于95%）都因排泄物感染大肠杆菌，[41] 零售商店贩卖的的鸡肉也有 39%到 75% 仍处于感染状态。[42] 约 8% 的鸡感染沙门氏菌 [43]（几年前感染率高达 25%，[44] 如今部分农场仍然如此 [45]）。70% 到 90% 的鸡受到另一种致命病原体——大肠弯曲杆菌的感染。[46] 农场普通使用氯水冲洗小鸡，以去除黏液、气味和细菌。[47]

当然，消费者很可能尝出鸡肉味道的异样——常年被喂药、疾病缠身且极不卫生的动物怎么可能美味呢？于是生产商常会在鸡肉中注入人造"鸡汤"或盐水，将鸡肉变成我们想象中的外观、气味和味道。[48]（《消费者报告》杂志的最新研究发现，许多贴有"天然"标签的鸡肉与火鸡产品，"填充的肉汤、调味剂或水占其重量的 10%到 30%。" [49]）

养殖工作完成，接下来是"加工"。

首先，你得雇工人把鸡装进板条箱中，送上流水线，将一只只活鸡变成一块块裹着塑料膜的肉。你得持续不断地招人，这个行业每年的员工流动率*超过100%。[50]（我在采访中了解到的数据是约150%。）非法移民和不说英语的新移民是理想人选。[51] 按照国际人权组织的标准，美国屠宰场的工作环境已构成对人权的侵害，然而这是维持廉价量产鸡肉的关键。[52] 你只需支付这些工人最低工资，甚至再少一点儿也没关系。他们会负责抓起鸡——抓住鸡腿，把它们头朝下拎着，每只手拎5只，然后塞进运输的板条箱里。

据我采访的几位工人描述，每个工人每3.5分钟能装105只鸡。要达到这个速度，动作不可能轻柔，工人们常常能感到鸡的骨头在他们手中折断。（先天畸形加上粗暴的搬运，导致约30%的活鸡在送往屠宰场的过程中骨折。[53]）与这些鸡不同，工人的权益受法律保护，但这份工作往往会给人造成心理创伤。因此，一定要雇用那些没什么权利抱怨的人。比如加州最大的鸡肉加工厂的一位雇员"玛丽亚"。她与我聊了一个下午。她当了40多年洗碗工，因工伤经历了5次手术，现在已经没法再洗碗了。每天晚上都要把胳膊浸入冰水中止痛，夜里也经常要吃止疼片才能睡着。现在她在加工厂每小时能挣8美元，因为害怕报复，她不敢透露真实姓名。

接着把板条箱装进卡车。无论天气状况如何，也无论运输距离有多远，严禁给鸡喂食或喂水。送到加工厂后，需要更多工人把鸡吊起来——用金属镣铐绑住鸡的脚踝，倒挂在移动的传送系统上。更多鸡骨头被折断。它们的尖叫声和拍打翅膀的声音太大，以致工人都听不见旁边人的说话声。很多鸡会在这一过程中因疼痛和恐惧而排便。

---

*　员工流动率的计算方法为一段时间内的离职人数除以该时段内的平均员工人数。

传送系统会将鸡拖过通电的水池。鸡会因此麻痹，但并未失去知觉。[54] 包括欧洲国家在内的很多国家要求，鸡在被放血或烫脱时必须处于无意识状态或已经死亡。然而在美国，农业部的《人道屠宰法案》将鸡排除在外，因此通电水池的电压很低，只有使动物丧失意识所需电压的 1/10。[55] 通过水池的鸡虽然身体麻痹，但眼睛可能仍能转动。有些鸡甚至仍能缓慢地张开喙，仿佛想要尖叫。

接下来，这些无法动弹但意识清醒的鸡将要遭遇自动割喉设备。血从鸡的身体里缓缓滴出，直到干涸。据我采访的另一位工人说，设备经常割不断动脉，因此需要工人来充当后备"杀手"，在机器失手时切断鸡的喉咙。但他们也经常失手。由行业代表组成的美国养鸡协会承认，每年有 1.8 亿只鸡屠宰不当。被问及对这一数字的看法时，委员会发言人理查德·L. 罗伯叹了口气说："整个过程不过几分钟。"[56]

多位负责装箱、悬挂和屠宰的工人告诉我，有不少活生生的鸡意识清醒地被送入烫脱池。（根据《信息自由法案》披露的政府记录显示，这种情况每年约有 400 万例。[57]）池子里漂满鸡皮肤与羽毛上的粪便，这一过程中，病原体通过鸡皮肤的呼吸进入体内（热水会令毛孔放大）。[58]

在拔掉头和脚之后，机器会将鸡的身体垂直切开，去除内脏。这一步极易造成感染，因为高速运行的设备常常会破开肠道，其中的粪便会进入鸡的体内空腔。从前，受粪便污染的鸡是被美国农业部禁止的。然而 30 年前，养鸡业说服农业部改变了规则，他们得以继续使用这些自动设备。曾被归为"高危污染物"的粪便如今仅被视为"外观缺陷"。[59] 结果，仍有半数遭污染的鸡能够进入市场。[60] 或许美国养鸡协会的罗伯可以叹口气说，"把粪便吞下肚的过程不过几分钟"。

接下来，鸡肉将接受美国农业部官员的检查，该机构对外宣扬的宗旨是保护消费者的健康。他们有两秒钟时间来检查鸡的里里外外，排除十几种疾病与其他异常。[61] 每人每天要检查 2.5 万只鸡。记者斯科特·布隆斯坦为《亚特兰大宪报》写过一系列关于鸡肉检查的报道，每个吃鸡肉的人都应当读一读。他采访了 30 几个机构的近百位农业部鸡肉检察员。他写道："每周，数百万只流着黄脓，沾着绿粪，带着有害病菌、心肺炎症、恶性肿瘤或皮肤病的鸡被送去市场，供消费者选购。"[62]

再接下来，数千只鸡将被一同装入巨大的冰水箱，进行冷却。[63] 据"政府问责项目"的汤姆·德文描述，"水缸里漂满了脏东西和细菌，被恰如其分地称为'粪汤'。把干净健康的鸡和肮脏的病鸡浸在同一个水缸中，必然会产生交叉污染"。[64]

如今在欧洲和加拿大，相当大比重的鸡肉加工厂会使用气冷系统，而美国 99% 的鸡肉厂商仍采用水冷方式，还不惜与消费者以及牛肉行业对簿公堂，维护这一过时的处理方式。[65] 原因显而易见。气冷处理会减轻鸡的重量，而水冷过程中鸡肉能够吸收水分（即前文提到的"粪汤"）增加重量。有研究显示，在冷却阶段将每只鸡分装在真空塑料袋中能有效杜绝交叉感染。[66] 但这么一来，鸡肉厂商便无法将废水的重量混入鸡肉，来换取更高的利润。[67]

美国农业部一直在默许这种做法，仅规定市场上的鸡肉含水量不得超过 8%。[68] 20 世纪 90 年代，越来越多公众得知这一真相，引发了抗议。消费者发起诉讼，认为这一做法不仅可恶，而且属于掺假。[69] 法院以"专断无理"为由推翻了农业部 8% 的规定。[70]

讽刺的是，农业部对法院判决的理解是，让鸡肉厂商自行研究决定在鸡肉中掺入污水的比重。[71]（挑战农业企业的结果往往如此。）征询业界意见后，现行法律允许约 11% 的含水量（具体数字标注在鸡肉包装的小标签上，下次购买时可以仔细看看）。[72] 一旦公众转移了注意力，鸡肉行业便将本该保护消费者的法规变为有利于自身的条件。

美国消费者每年为这些液体额外支付的费用高达数百万美元。[73]美国农业部不仅心知肚明，还维护这一做法——毕竟像许多工业化农场所宣扬的，鸡肉厂商是在努力"养活全世界人口"。（在这一案例中，他们或许可以说在保证全世界人口吸收足够的水分。）

我描述的并非个例，不是由少数受虐狂工人或坏掉的机器设备造成的偶然结果，不是一锅粥里的一粒老鼠屎，而是普遍现象。美国市场上超过 99% 的鸡肉都是这样生产出来的。

当然，每个工厂的数据会有所不同，比如每周被意外送入烫脱池的活鸡比例或鸡肉吸收的粪水重量。但这便是仅有的区别。换句话说，所有的工业化养鸡场——无论经营是否得当，是否"非笼养"——都大同小异：养的鸡都经过基因改造，圈养在无自然光、不通风的环境中，没有筑巢、飞上高处栖息、探索环境、建构稳定的社会单位等本能行为，疾病蔓延，饱受折磨，直至痛苦地死去；这些动物仅仅是一件商品、一个重量。工业化农场的共同之处远多于彼此的差异。

鸡肉行业的规模如此庞大，这个系统的问题就是全世界的问题。如今欧盟每年约有 60 亿只鸡被圈养在工业化农场中，美国有超过 90

亿只，中国有 70 多亿只。[74] 印度人均消耗的鸡肉量很小，但由于人口基数庞大，每年仍要消耗几十亿只工业化农场的鸡。而且在世界很多地方——例如中国——养鸡数量仍在飞速增长（增长速度比美国高速扩张的养鸡业还要快一倍）。总的来说，全球共有 500 亿只工业化农场鸡（且数量仍在增长）。如果印度和中国的人均鸡肉消耗量赶上美国，那么这个庞大的数据至少还要翻一番。

500 亿。每年有 500 亿只鸡这样出生又死去。

这一革命性现象出现的时间其实并不长——在塞利娅·斯蒂尔 1923 年的实验之前，工业化养鸡场尚不存在。不仅养鸡方式，我们吃的鸡肉数量也相差悬殊：当今美国人消耗的鸡肉数量是 80 年前的 150 倍。[75]

500 亿这个数字是鸡肉行业精心计算的结果。为了统计美国的养鸡数量，统计学家收集了每个月、每个州的数据，记录了每只鸡的重量，并且比较了每个月与去年同期的死亡数量。[76] 最终得出的数据经过了研究、讨论、推测后，才以骄傲的姿态公之于众。对于业内人士而言，它不仅是一个数字，更是一种胜利宣言。

影响

就像其病毒一样，流感一词也是变异的结果。[77] 这个词最早出现在意大利语中，原指星体造成的天文学的或超自然的影响，且这些影响同时被许多人感知。到 16 世纪时，其含义开始发生变化，用来指代在大批人群身上同时发生的流行性感冒（就像是恶灵的作用）。

从词源上说，流感是指同时影响世界各地的一种作用力。今天的禽流感、猪流感或 1918 年的"西班牙流感"并非真正的作用力——它们不是问题的根源，而是症状。

如今很少会有人相信瘟疫源自超自然力量。但 500 亿只被喂药的病鸡——鸡正是所有流感病毒的源头——是否可能成为感染人类的新病毒的根源呢？5 亿头被圈养的免疫系统受损的猪呢？[78]

2004 年，来自世界各地的人畜共患病专家集聚一堂，讨论患病的农场动物与大流行病之间的关系。[79] 在介绍他们的结论之前，让我们先试着了解一下两个密切相关又截然不同的公共卫生问题。第一个问题是工业化农场与所有病原体之间的关系，例如弯曲杆菌、沙门氏菌或大肠杆菌的新菌株。第二个问题更具体：人类的所作所为，是否正在为超级病原体中的超级病原体创造条件，这种杂交病毒可能引起 1918 年"西班牙流感"的重演。这两个问题紧密相连。

并非每一例食源性疾病都能探明根源，但在已知污染源或传染途径的案例中，动物制品占绝大多数。[80] 根据美国疾病控制与预防中心（CDC）的数据，鸡肉排在首位。[81]《消费者报告》杂志发表的一篇研究称，市场上 83% 的鸡肉（包括有机和无抗生素品牌）都受到弯曲杆菌或沙门氏菌感染。[82]

由此引起的食源性疾病完全能够避免，不知为何只有少数人意识到这点（或对此表示愤怒）。或许只要是普遍状况，人们就能见怪不怪，例如受病菌感染的肉（尤其是鸡肉）。

但一旦你开始关注这个问题，难免会感到恐惧。例如，下次有朋友忽然患上"流感"时——很多人会误以为是肠胃炎，不妨问他几个问题：他的症状是不是来得快去得快？一天之内经历了恶心腹泻然后痊愈的过程？尽管专业诊断要更为复杂，但如果答案是肯定的，那么他很有可能是感染了食源性疾病。据美国疾病控制与预防中心估算，美国每年有 7600 万此类病例。[83] 你的朋友不是被传染了病菌，而是吃下了病菌。这个病菌极有可能来自工业化农场。

工业化农场不仅与食源性疾病有关，而且由于大量使用抗菌剂，还催生了能够抵御抗菌剂的病原体。出于公众卫生的考虑，我们要获得抗生素或抗菌剂必须持有医生的处方。我们必须忍受这种不便，因为这一措施具有医学上的重要意义。细菌能够逐步适应抗菌剂，因此每种抗菌剂的使用次数都是有限的，在其失效之前，我们要确保它们每次都被用在刀刃上。

然而在工业化农场中，动物的每顿饭中都掺有药物。我在前文中说过，在养鸡场这是铁则。业内人士从一开始就预见到了这个问题，然而他们宁可使用添加剂，让动物的免疫系统受到破坏，也不愿妥协降低生产率。

为此，工业化农场的动物被持续喂食非治疗性抗生素（直到它们真正生病）。在美国，人类每年使用的抗生素约为 1360 吨，而据鸡肉行业自己提供的数据，家禽每年消耗的抗生素高达 8073 吨。[84] 忧思科学家联盟认为，他们至少少报了 40%。[85] 根据他们的计算，鸡、猪及其他农场动物每年使用的非治疗性抗生素就有 1.1 万吨，如果在欧盟国家，其中 6123 吨将属于非法使用。[86]

工业化农场与耐药性病原体的关系一目了然。无数研究表明，每当工业化农场引进新药物，细菌的抗药性就会很快增长。例如，1995 年，美国食品药物管理局无视疾病控制与预防中心的反对，批准在鸡身上使用环丙沙星等氟喹诺酮类药物，到 2002 年，这种新型抗生素的细菌耐药性就从零增长至 18%。[87]《新英格兰医学杂志》上一项更广泛的研究表明，从 1992 年到 1997 年，抗生素耐药性增长了 8 倍，并且根据分子分型，认为这一增长与工业化养鸡场的药物滥用有关。[88]

早在 20 世纪 60 年代末，科学家就指出给农场动物喂食非治疗性抗生素的危害。[89]如今，美国医学会[90]、疾病控制与预防中心[91]、美国国家科学院医学研究所[92]、世界卫生组织[93]等多家机构都认定，工业化农场的非治疗性抗生素滥用与抗生素耐药性的增长有关，并呼吁禁止这一行为。然而，美国的工业化农场一致反对这类举措。其他国家施行的禁令也多为折中方案。

非治疗性抗生素的使用之所以未被全面禁止，是因为工业化农场行业（以及药品行业）目前的影响力比公共卫生部门要大。其巨大权力的来源不是别人，正是我们。我们通过日常消费工业化农场的动物制品（及其包含的水分），无意中壮大了这一行业的规模。

导致每年 7600 万美国人因食物染病与助长抗生素耐药性的各项条件，也增加了流行病暴发的风险。让我们回到 2004 年的会议，联合国粮食及农业组织、世界卫生组织和世界动物卫生组织共同评估了"新型人畜共患病"的可能性。[94]当时最大的威胁是 H5N1 和 SARS 病毒，现在排在首位的则是 H1N1 病毒。

科学家区分了两个概念：人畜共患病的"主要风险因素"和"扩散风险因素"，后者只与疾病的传播速度有关。[95]在他们的研究中，主要风险因素的范例是"农业生产系统或消费模式的改变"。具体指的是什么呢？列在四项主要风险因素之首的，是"对动物蛋白质的需求的增长"，换句话说，人类对肉、奶和蛋的消耗不断增加，是导致新型人畜共患病的"主要风险因素"之一。

报告上说，对动物制品的需求会导致"农业模式的改变"，鸡肉行业便是典型代表。[96]

美国农业科学技术委员会得出了相似结论，该委员会由来自业界、世界卫生组织、世界动物卫生组织和美国农业部的专家组成。在一份 2005 年的报告中，他们指出，工业化农场经营导致了"源自致命性病毒的新型病原体的快速选择与扩散（往往是通过微小的变异），由此增加了疾病发生与传播的风险"。[97] 工业化农场中的鸡经过统一的基因改造，容易感染疾病，加上生活环境拥挤、压力大、粪便污染、只有人工照明，进一步促进了病原体的发展和突变。[98] 报告总结说，"提高效率的代价"是全球疾病风险的增加。[99] 我们的选择很简单：廉价鸡肉还是健康。

如今工业化农场与流行病之间的联系愈发清晰。H1N1 猪流感病毒最初就是在美国养猪工厂最集中的北卡罗来纳州的一家工业化农场爆发的，之后迅速在全美传播。正是在这些工业化农场中，科学家们第一次见到了结合禽类、猪类和人类病毒基因的新病毒。哥伦比亚大学和普林斯顿大学的科学家分析了这个最令人恐惧的病毒，发现其基因组 8 个片段中的 6 个直接来源于美国的工业化农场。[100]

即便没有这些科学研究，或许我们内心深处也已经知道，正在发生很糟糕的事。我们的食物来自其他生命的苦难。如果有人邀我们看一部关于肉类生产的纪录片，我们知道，画面一定相当恐怖。我们并非不知道真相，只是不愿意承认，宁可将其藏入记忆的黑洞。以工业化农场动物为食，无异于以折磨其他动物来维持我们的生存。这些饱受折磨的肉体，正在越来越多地，变成我们身体的一部分。

更多影响

除了食源性疾病和传染病之外，工业化农场生产的肉制品还与很多其他健康问题有关：最广为人知的要属肉制品消费与美国居民的主要死亡原因（排前三位的依次是心脏病、癌症和中风[101]）的密切关系；以及鲜为人知的是，肉类行业通过影响政府和专业医疗人员，误导了我们对营养的理解。

1917 年，第一次世界大战摧毁了欧洲，"西班牙流感"即将给世界致命一击。[102] 为了在战争期间最大限度地利用食物资源，一群女性创建了美国饮食协会（ADA），该协会现为美国最主要的饮食和营养专业机构。该协会自 20 世纪 90 年代开始推出关于素食餐饮健康的权威指南。他们采取保守立场，大量被充分证实的减少动物制品摄入的益处都未被纳入其中。以下是这份基于科学研究的摘要中三个关键的句子：

> 一、合理安排的素食餐饮适合所有人以及生命的所有阶段，包括孕期和哺乳期女性、婴幼儿、青少年和运动员。[103]
>
> 二、素食餐饮的饱和脂肪和胆固醇含量往往较低，膳食纤维、镁、钾、维生素 C、维生素 E、叶酸、类胡萝卜素、类黄酮和其他植物生化素含量较高。[104]

文章还指出，（包括运动员在内的）普通素食者和严格素食者摄入的蛋白质含量"达到甚至超过了身体所需"。[105] 由此可见，为保证足够蛋白质必须吃肉的观念是错误的。此外，大量数据显示，动物蛋白质摄入过多与骨质疏松症、肾病、尿路结石以及部分癌症相关。[106] 与人们长期以来的观念相悖，素食者摄入的蛋白质质量实际上比杂食者更高。

最后，文章中有一些非常重要的结论，不是基于推测，而是基于营养学研究的最高标准：来自对真实人群的研究。

三、素食餐饮与多项健康益处正相关，[107] 例如降低血液中胆固醇的含量、降低心脏病风险（心脏病造成的死亡占美国每年死亡人数的 25%）、[108] 降低血压水平及高血压风险、降低 2 型糖尿病风险。素食者的身体质量指数（BMI）往往更低（即更少出现肥胖问题），癌症患病率也更低（因癌症导致的死亡占美国每年死亡人数的 25%）。[109]

我不认为个人健康足以构成茹素的理由，但如果确定不吃肉有害健康，那或许应该继续吃肉，至少我肯定会喂我儿子吃。

然而，我请教过多位美国顶尖的营养学家这个问题——既包括对成年人也包括对儿童的影响——每次得到的答案都是：素食餐饮至少跟杂食一样健康。

为何我们总是难以相信，"不"吃动物制品，更能实现健康饮食呢？原因在于，关于营养的知识，我们一直在被误导。让我解释清楚，我这不是在抨击科学文献，反而是要倚赖它们。公众所了解的有关营养与健康的科学数据往往来自间接途径（尤其是政府发布的营养指南）。随着科学的迅速发展，肉类厂商也开始插手营养学数据呈现给普罗大众的方式。

例如，美国国家乳品理事会（NDC）实质上是乳业管理公司（Dairy Management Inc.）的营销机构，其网站上清楚地写明了该机构的唯一宗旨是"推动美国乳制品的销售与需求的增长"。[110] 美国国家乳品理事会完全无视摄入乳制品可能带来的健康问题，甚至向乳糖不耐受的人群推销奶制品。[111] 鉴于它本就是一个贸易集团，其所作所为尚可理解。令人难以接受的是，为何自 20 世纪 50 年代以来，政府和教育工作者会允许美国乳品理事会成为美国最大且最重要的营养学教材提供商。[112] 更可怕的是，我们目前仅有的联邦"营养"指南来自美国农业部，而这一机构正是使工业化农场普及的罪魁祸首。

美国农业部垄断了全美国最重要的广告位——出现在所有食物包装盒上的营养成分标签。美国农业部与美国饮食协会成立于同一年，负责向政府提供营养信息，以制定有利于公共卫生的政策方针。但与此同时，美国农业部还肩负着推动食品行业发展的责任。[113]

其中的利益冲突不言而喻：我们从政府获得的官方营养知识，恰恰来自必须支持食品行业的机构，亦即如今工业化农场的支持者。对营养的误解正是因此渗入了我们的日常生活，例如，对蛋白质不足的担心，对此玛丽昂·纳索等人进行过详细探讨。纳索是一位公共卫生专家，多次参与政府项目，包括《1998 年美国军医署营养与健康报告》，与食品行业也打了数十年交道。[114] 她并未得出什么意料之外的结论，但她展现了局内人的视角，进一步印证了食品行业——尤其是养殖业——对美国营养政策的影响。她认为食品企业与烟草公司一样，为了销售产品无所不为，包括"游说国会废除不利法规；给执行法规的联邦监管机构施压；如果对监管机构的决定不满就提起诉讼。[115] 与烟草公司的策略一样，食品企业通过赞助职业团体和研究机构来拉拢食品与营养专家，同时直接面向儿童推销产品以扩大销量"。[116] 纳索还提到，美国政府鼓励摄入奶制品来预防骨质疏松，然而在世界上很多地方，牛奶并非日常餐饮的一部分，但当地人患骨质疏松症或骨折的概率比美国人更低。[117] 骨质疏松症患病率最高的反而是消耗奶制品最多的国家。[118]

关于食品行业如何影响政策，纳索列举了一个重要的例子：美国农业部有项不成文的规定，避免使用"少吃"这样的字眼，不论这些食物对健康的损害有多大。[119] 因此，他们不说"少吃肉"（简单易懂），而是说成"将脂肪摄入量控制在总卡路里摄入量的 30% 以下"（隐晦费解）。本应负责告诉我们什么是危险食物的机构，却制定了不（直接）告诉我们食物危险性（尤其是动物制品）的政策。

我们任由食品企业参与起草美国的营养政策，从当地杂货店健康食品货架上的商品到孩子们每天在学校吃的食物，都受这些政策影响。例如，通过美国"国家学校午餐计划"，我们缴纳的税款中有 5 亿美元流向了奶制品、牛肉、鸡蛋和家禽业，变成儿童餐桌上的动物制品，尽管营养数据表明我们应当减少摄入这些食物。[120] 与此同时，在水果与蔬菜上的投入只有 1.61 亿美元，尽管美国农业部也承认我们应当增加其摄入量。[121] 如果把配置营养餐的权力交给美国国立卫生研究院（NIH）——以研究人体健康为唯一诉求的专业机构——难道不是更合理也更符合伦理吗？

工业化农场增长带来的全球性影响，从食源性疾病、抗生素耐药性到可能的流感爆发都令人恐惧。自 20 世纪 80 年代以来，印度和中国的鸡肉业增长了 5% 到 13%。[122] 如果这两个国家的人吃的鸡肉数量赶上美国人（每年 27 到 28 只鸡[123]），那么，仅这两个国家就要消耗掉如今全世界饲养的鸡。如果全世界的人都像美国人一样，那么人类每年要消耗 1650 亿只鸡（这还是在全球人口不持续增长的前提下）。接下来呢？2000 亿？5000 亿？层架式鸡笼会越叠越高，鸡笼面积会越来越小吗？会有那么一天，抗生素将失去作用，人类将无法抵御病菌吗？我们的孙辈一周会有几天在病痛中度过？何处才是尽头？

天堂与粪便

地球近 1/3 的土地面积都被用来养殖家畜。[1]

1

哭笑不得

"天堂"冷柜肉厂最初位于密苏里州西北部的史密斯维尔湖附近。2002 年，工厂的熏火腿设备发生事故引发火灾，旧厂房被烧毁。新工厂里有一幅关于旧厂房的画，画上是一头牛奔跑的背影。这幅画的灵感来源于一次真实事件。在 1998 年的夏天，一头牛逃出了屠宰场。她跑了好几英里，故事就算到此结束也已经很了不起，但她可不是一般的牛。她设法穿过公路，踏过栅栏，逃过了搜寻她的农民。来到湖边时，她没有试水，没有犹豫，没有回头，扎进湖中试图游到安全的地方，虽然她也不知道那是哪儿，她就像一个进入第二个比赛环节的铁人三项选手。但她至少看起来很清楚自己在逃离什么。有人正好看到了这一幕，打电话告诉肉厂老板马里奥·凡塔斯玛。马里奥成功地在湖对岸捉到了这头牛，这场大逃亡落下帷幕。至于这是一出喜剧还是悲剧，取决于在你心中谁是英雄。

我是从精品肉类分销商"传承食品"的创始人之一帕特里克·马丁斯那儿听来的这个故事。正是他把我介绍给了马里奥。帕特里克在私人博客上写了这个故事："令人惊奇的是，很多人支持农场动物大逃亡。我平时吃肉吃得心安理得，然而内心也渴望听到一头猪成功逃亡，甚至在森林中安顿下来，开启了一个自由的野猪王国。"在他看来，这个故事有两个英雄，既是一出喜剧也是一出悲剧。

"凡塔斯玛"听上去像个编出来的假名，它的确是。马里奥的父亲是个弃婴。意大利卡拉布里亚的一户人在家门口发现了他，给他取了这个姓氏，在意大利语中意为"幽灵"。

马里奥本人一点儿也不像幽灵。他体格健壮，用帕特里克的话说是"粗脖子，胳膊壮得像带骨火腿"，说话直接，声音洪亮，如果一旁有熟睡的婴儿，肯定会被他吵醒。我联系过的其他屠宰场人士不是缄口不言就是刻意误导我，相较之下他的态度着实令人愉快。

周一和周二是"天堂"冷柜肉厂的屠宰日。周三和周四是分装日，周五则专为当地人提供个人屠宰服务。（据马里奥说，"狩猎季那两周，我们会收到500到800只鹿。非常疯狂。"）这一天是周二。我把车停好，熄了火，听到了尖叫声。

"天堂"冷柜肉厂门口是个小卖场，一排冷柜中有我吃过的东西（培根、牛排），也有我没吃过的（猪血、猪鼻子），还有些我都不认识。墙上高高挂着动物标本：两只鹿的头、一头长角牛、一头公羊、鱼，还有好几对鹿角。下边是一些小学生用彩色铅笔写的字："谢谢你们给的猪眼球。我解剖了它们，过程很有趣，我还学到了关于眼睛各个部分的知识！""它们有点儿黏，但我玩得很开心！""谢谢你们给的眼睛！"收款台旁放着一些广告名片，其中不少是动物标本剥制师，还有一位瑞典按摩师。

"天堂"冷柜肉厂是中西部地区仅剩的几家独立屠宰场之一，在当地农民心中简直是天赐的珍宝。大企业收购并关停了当地几乎所有的独立屠宰场，逼迫农民与他们合作。尚未加入工业化农场系统的农民若要使用这些大企业的屠宰场，必须支付额外的费用（很多时候屠宰场还会拒绝为他们服务），而且他们无权决定动物的屠宰方式。

狩猎季，"天堂"冷柜肉厂的电话总是响个不停。其零售店提供不少在超市买不到的商品，比如带骨肉，他们还为个人提供屠宰和熏制服务，在当地选举期间，这里还曾被用作投票点。"天堂"冷柜肉厂干净的环境、专业的屠宰技术以及对动物福利的关注都名声在外。简而言之，这可以说是一家"理想的"屠宰场，与大部分屠宰场有天壤之别。这里与高速工业化屠宰场的区别，就像自行车与悍马的区别一样大（唯一的共同点是两者都是交通工具）。

工厂划分为很多区域——商店、办公室、两间巨大的冷藏室、吸烟室、屠宰室，背后还有一圈关待屠宰动物的围栏。屠宰和分割都是在其中一间天花板很高的大房间内进行。马里奥给我套上白色防菌服和防菌帽，然后带我穿过弹簧门。他伸出粗壮的手，指着屠宰间远处的角落，开始解释他们的屠宰方法："那个人正要把一头猪带进来。他会用电击枪（迅速把它弄晕）。等它们失去意识后，我们再把它们吊起来放血。我们的目标，是遵守《人道屠宰法案》的要求，让动物彻底晕过去，不会再眨眼。它们必须完全失去意识。"

大型工业化屠宰场往往会使用不间断的自动流水线，而这里每次只处理一只动物。他们不会只雇用干不到一年的短期工。马里奥的儿子就在屠宰间干活儿。他们会将关在半露天围栏中的猪赶入通向屠宰间的橡胶滑槽。猪进来以后，它身后的门便会被关上，其他猪看不到里边的情形。这样做不仅更人道，也更有效率：一只怕得要死——或者随便你怎么形容——的猪可不好对付，甚至十分危险。据说精神压力还会损害猪肉的质量。

屠宰间远处角落里有两扇门，一扇供人使用，一扇供围栏中的猪通过。这两扇门并不明显，因为那块区域的一部分被墙隔开了。那个角落有一台巨大的机器，用来圈住刚进来的猪，工人就是在那儿电击猪的头部，让它失去意识。没人愿意向我解释，为何这块区域和这步操作要被遮挡起来，不让其他人看见，但我想答案不难猜。至少部分是因为，别让屠宰工人看到他们将要大卸八块的是一个刚才还活生生的动物。当他们看到猪时，它已经成了一件物品。

这道墙也遮挡了美国农业部督察员道克的视线。这听上去是有问题的，因为他的工作就是检查待宰动物有无健康问题或缺陷，是否适合人类食用。此外——对于那头猪而言，这点格外重要——他还要确保屠宰过程是人道的。前美国农业部督察员、美国地区性食品检验联盟联合委员会主席戴维·卡尼称："屠宰场的布局极少考虑到肉质检查。很多时候，督察员所在的位置甚至看不到屠宰间。他们只顾得上检查嗖嗖过去的动物尸体上有无疾病和异常，根本没法同时兼顾屠宰过程。"[2] 印第安纳州的一位督察员也表示："从我们所在的位置根本没法看到里边的情形。很多工厂的屠宰区都用墙挡了起来。对，我们是该监督屠宰过程。但如果你根本不能离开岗位，要怎么才能看到里边的情形呢？"[3]

我问马里奥，负责电击的工人是否每次都能成功。

"我想大概80%的猪一次就能被放倒。[4]我们不希望它们还有意识。有一次设备出了故障，机器大概只释放了一半电流。我们真得

134

随时检查这些设备，在屠宰之前测试好。但机器有时就是会出故障。所以我们还有个备用的敲击枪，可以弹出一根钢条击中它们的头骨。"

在被一次或两次电击击晕之后，猪会被倒挂起来，刺开脖子，放血至死。接着它会被放入烫脱池。它出来时已经不那么像猪了，倒像塑料般光亮，然后被放到一张桌子上，由两名工人——一个用喷灯，一个用刮子——去除剩余的毛。

之后，猪再次被挂起来，工人——今天是马里奥的儿子——用电圆锯将它的身体从中间纵向切开。我早就知道它的肚子会被切开，但看到它的脸和鼻子也被切成两半，脑袋像本书一样从中间打开，我还是震惊不已。看到工人没戴手套，徒手摘除猪的内脏，也令我十分意外——他需要手指的摩擦力和敏感度。

眼前的情形令我反胃，我想不仅仅因为我是在城市中长大的。马里奥和他的工人们也承认，干这些血腥的活儿并不容易。几乎每位愿意与我坦诚交谈的屠宰场工人，都流露了这种情绪。

取出来的内脏和器官都被放到道克的桌子上。他会逐一仔细检查，偶尔还会切下一小块儿，检查表皮之下的内容。之后，这堆黏糊糊的东西全被扔进一个大垃圾桶里。他的样子几乎可以直接出演一部恐怖片——扮演的角色无须我多言。他的工作服溅满血滴，护目镜后的眼神近似疯狂，他只是一位叫道克的内脏检察员。多年来，他一直负责检查"天堂"冷柜肉厂的动物内脏与器官。我问他查出过多少次问题。他取下护目镜，告诉我，"一次也没有"，然后重新戴上眼镜。

此地无猪

除了南极洲，每一片大陆上都有猪，[5] 共有 16 个种类。[6] 我们吃的家猪就涵盖多个品种。不同于物种，品种并非自然的产物，而是人工选育而成。以前，农民会挑选具有特定特征的猪进行配种，现在则大多会借助人工授精（约 90% 的大型养猪场使用人工授精）。[7] 如果让数百只同一品种的家猪自行繁衍，几代以后，它们就会丧失该品种的特征。

跟狗和猫一样，不同品种的猪具有不同特征：有些特点对于生产商至关重要，比如饲料转化率；有些对于消费者非常关键，比如猪肉的肥瘦比例；还有些对于猪本身最为紧要，比如易于恐慌或有腰痛问题。由于对每一方来说要紧的特征都不同，猪的疼痛往往被忽视，只要它们能满足生产商和消费者的需求。如果你见过纯种德国牧羊犬，你可能会注意到，它们的后半部分比前半部分更接近地面，像是随时在警觉地蹲守猎物。育种人员偏好这种外表特征，经过几代配种，培育出了这种短后腿。结果，如今的德国牧羊犬极易患上髋关节发育不良症，即便血统最优良的犬只也难以避免，这是一种极其痛苦的遗传性疾病，不少主人要么不忍看着宠物受折磨，将它们安乐死，要么花成千上万美元做手术。所有农场动物，无论生活环境如何——"散养""放养""有机"，基因就决定了它们会遭受痛苦。工业化农场为了获得最大利润，使用抗生素等药物，严格控制圈养环境更是创造出了全新的，甚至恐怖的生物。

为满足消费者对瘦肉——"另一种白肉"*——的需求，农场培育

---

* 1987 年，美国猪肉委员会以"猪，另一种白肉"为口号，试图重塑现代猪肉低脂健康的形象。

出的猪不仅患有腿病与心脏病，且极易兴奋、恐惧、焦虑，以及精神紧张。[8]（这个结论来自猪肉行业的内部研究。）这些极易受惊的动物令业界十分担忧，不是出于猪本身的福利考虑，而是因为如前文提到的，压力有损猪肉质量：猪在精神紧张时会分泌更多酸，这种酸会分解猪的肌肉，原理就跟胃酸会分解我们吃下去的猪肉一样。

1992年，美国猪肉业的政策机构美国国家猪肉生产商委员会的报告指出，劣质猪肉，即泛白（pale）、松软（soft）、表面有汁液渗出（exudative）的"PSE猪肉"占到全国屠宰的猪总量的10%，因此带来的业界损失高达6900万美元。[9]1995年，艾奥瓦州立大学教授劳伦·克里斯蒂安提出，他发现了猪的"紧张基因"，育种人员可以剔除这一基因，降低产生"PSE猪肉"的概率。业界从基因库中拿掉了这一基因。然而，"PSE猪肉"的数量仍在持续增长，猪也仍然格外容易受惊，一辆靠近猪圈的卡车都能把它们吓得半死。[10]2002年，由肉类行业自行组建的研究机构美国肉类科学协会发现，被屠宰的猪中，有15%都产出了"PSE猪肉"（至少符合泛白、松软或渗汁中的一项）。[11]剔除"紧张基因"的想法不错，至少死于运输途中的猪减少了，但这一做法并未根除"紧张"。[12]

当然不能。近几十年来，无数科学家先后声称发现了"控制"我们身体与心理特质的基因。比如所谓的"肥胖基因"，听上去如果我们能从基因组中剪掉它们，就无须控制饮食，无须坚持运动，也不用担心发胖。此外还有掌管出轨、缺乏好奇心、胆小或脾气暴躁的基因。毋庸置疑，特定基因组序列极大地影响了我们的外表、行为和感情。然而，除了少数一目了然的特征，例如眼珠的颜色，其他特征与基因并非一一对应。至少像"紧张"这么复杂多变的现象不是某个基因能决定的。农场动物身上的"紧张"也可以表现为多种形式：焦虑、具有攻击性、沮丧、恐惧以及痛苦——这些都不是像蓝眼睛一样的简单遗传特征，能够被轻易左右。

从前，只要有合适的畜棚和窝，美国饲养的很多品种的猪都能常年在室外生存。这是一件好事，不仅因为这能避免阿拉斯加港湾漏油事件那种大规模的生态灾难（容我稍后详述），还因为猪本就需要户外活动——奔跑、玩耍、晒太阳、吃草、在泥巴和水里打滚后吹风降温（猪只能通过鼻子散热）。如今，工业化农场使用的经过基因改造的品种猪，却只能生活在恒温的室内，没有阳光，不知四季。我们创造出的动物无法在任何人工以外的环境中生存。我们利用现代基因知识的巨大力量，给动物带来了更多的痛苦。

美好的，不安的，荒谬的

马里奥带我走到屋子后面。"这就是关猪的地方。它们前一天晚上到的。我们给它们喝了水。如果待的时间超过 24 小时，还会喂食。这些围栏原本是给牛设计的。这里能装下 50 头猪，但有时会一下来七八十头，就很麻烦。"

这群聪明的大型动物离死亡如此之近，近距离接近它们的感受难以言喻。我们没法知道，它们能否预感接下来会发生什么。当负责电击的工人走出来把下一头猪赶进滑槽时，它们看上去很放松。没有哀号，没有挤作一团，没有明显的恐惧。然而我注意到，有一头猪侧躺在地，瑟瑟发抖。当工人走出来时，其他猪都激动地站了起来，这头仍躺在地上发抖。如果我家的狗乔治是这副模样，我们会二话不说就带她去看兽医了，要是我什么都不做，肯定会被认为缺乏人性。我问马里奥，那头猪怎么了。

"猪就是会这样。"他咯咯地笑着回答。

事实上，很多待屠宰的猪都会突发心脏病或倒地不起。[13] 它们承受了太大压力：长途运输、环境变化、搬运、门那边的尖叫、血腥味、工人挥动的手臂。也许"猪就是会这样"，我的无知令马里奥发笑。

我问马里奥，猪会不会知道它们为什么来到这儿，能否预感接下来发生的事。

"我觉得它们不知道。很多人都会说，动物死之前是有预感的。我在这儿见了太多牛和猪，但我一点儿也不觉得它们有预感。它们当然会害怕，因为它们从没来过这儿，而是习惯在泥地上、在野外活动。所以它们总是晚上才送来。它们只知道换了个地方，在等着一些事发生。"

或许它们对命运一无所知，无所畏惧。马里奥可能是对的，但也可能是错的。都有可能。

"你喜欢猪吗？"我问他——这是个再简单不过的问题，但在这个情境下却难以启齿，也不好回答。

"你得杀了它们。这是个心理上的事。要说哪种动物我更喜欢，对羊羔下手最难。我们的电击枪是给猪用的，不是给羊羔用的。我们试过用枪，但子弹有可能弹飞。"

我没太明白他这句关于羊羔的话，我的注意力被走出来的工人吸引了，半截胳膊都是血污，用一块嘎嘎作响的板子把下一头猪赶去屠宰间。马里奥忽然说起一个完全无关的话题，或许又是有关的——他的狗，"一只小狗，喜欢追鸟。狮子狗"。他发的第一个音像"屎"*，然后停顿了半秒，才憋出后面那个"子"字。他十分愉悦地告诉我，最近给这只狮子狗庆祝了生日，他们一家还邀请了附近其他的狗——"全是小狗"。所有小狗都坐在主人腿上拍了合影。他以前不喜欢小狗，觉得它们不是真正的狗。接着他养了只小狗，现在他喜欢所有的小狗。工人走出来，挥动着染血的双臂，赶走了另一头猪。

"你会在乎这些动物吗？"我问。

"在乎？"

"你有没有想过放过哪只？"

他说起最近被送来的一头母牛。它本是一家休闲农场的宠物，但"时候到了"。（没人乐意明说这类话语背后的含义。）马里奥磨刀霍霍时，这头牛舔了他的脸。一遍又一遍。或许这只是宠物的习惯性行为，又或许它是在求情。马里奥讲这个故事时咯咯地笑，我感觉他在掩饰自己的不安。"天哪，"他说，"她把我抵在墙边，在我身上靠了大概有 20 分钟，我才终于把她放倒。"

这是一个美好的故事，一个令人不安的故事，一个荒谬绝伦的故事。一头牛怎么能把他抵到墙上？这儿的布局就不可能。而且其他工人呢？他们当时在干什么？无论在什么规模的屠宰场，我听过无数遍的话是，工作一刻也不得耽搁。为何"天堂"冷柜肉厂会允许停工 20 分钟呢？

这是他对我前面那个问题的回答吗？

该离开了。我很想跟马里奥和这些工人多相处一会儿。他们都

---

* 屎的英文 shit，与狮子狗的英文 shih tzu 第一个单词相近。

很亲切、自豪、热情——我很担心他们能否在这个行业继续待下去。1967 年，美国有超过 100 万家养猪农场。如今这个数字只有过去的 1/10。[14] 仅过去 10 年，养猪农场的数量就减少了 2/3。[15]（现在美国超过 60% 的猪都来自 4 家企业。[16]）

这只是大潮中的一滴。1930 年，从事农业的美国人口超过 20%。今天这个数字不到 2%。[17] 而农业产量从 1820 年到 1920 年、1950 年到 1965 年、1965 年到 1975 年间都翻了一番。[18] 在接下来 10 年中还要再翻一番。在 1950 年，一位农民能养活 15.5 个消费者。如今一位农民能养活 140 个消费者。[19] 对于喜欢小型农场的人和农民本身来说，这一现状无疑令人沮丧。（美国农民的自杀率是全美平均水平的 4 倍。[20]）现在一切都已经自动化——喂食、喂水、给光、调温度、通风甚至屠宰。工业化农场仅有的工作是办公室职员（数量极其有限）或无技术、高风险、低收入的劳工（数量庞大）。工业化农场里没有农民。

或许这无关紧要。时代不同了。或许照看动物、为我们提供食物的经验丰富的农民只是一个怀旧形象，就像电话接线员。或许取代农民的机器给我们带来的利大于弊。

"先别走。"一位工人叫住了我。她消失了几秒钟，再出现时拿着一个堆满了粉色火腿的纸盘。"怎么能不让客人尝尝我们的样品呢？"

马里奥拿起一片塞进嘴里。

我不想吃。这会儿我什么都不想吃，屠宰场的画面与味道让我丧失了食欲。尤其是这个盘子上的东西，就在不久之前，它们还是围栏中的一头猪。或许拿起一块吃也无妨。但在内心深处——理性或感性、审美或伦理、自私或怜悯之心——我就是不愿让这块肉进入我的身体。对我来说，那不是一块食物。

然而，心底的另一个我的确想吃。我非常想向马里奥表达我的感激之情。我也想告诉他，他辛勤工作做出的食物是多么美味。我想说："哇，太好吃了！"然后拿起下一片。我想跟他一块儿吃饭。没有什么能比一块儿吃饭更能增进友谊了，聊天、握手甚至拥抱都比不上。这或许是因为文化习惯。或许是对人类祖先的宴会传统的延续。

从某个角度看，这就是一家屠宰场的全部意义。眼前盘子里的食物就是隔壁血腥场景存在的理由。饲养供食用动物的人无数次地告诉我，这个等式成立的唯一方式：食物最终的味道或功效决定了其生产过程是否值得。

此时此刻，对有的人来说是值得的。但对我而言不是。

"我只吃洁食。"我说。

"洁食？"马里奥问道。

"是啊，"我笑着说，"我是犹太人，只吃洁食。"

房间陷入寂静，空气都凝固了。

"那你还写猪肉，有点儿好笑。"马里奥说。我不知道他是否相信我，是否理解和同情我，还是怀疑我并感到被羞辱了。或许他知道我在撒谎，但同时也抱有理解和同情。一切皆有可能。

"是有点儿好笑。"我重复道。

但其实并不好笑。

2

噩梦

"天堂"冷柜肉厂屠宰的猪大多来自非工业化养猪场,这类农场在美国已寥寥无几。工业化农场生产的猪肉占全美国猪肉产量的95%,我们在超市和餐馆买到的猪肉几乎无一例外都来自工业化农场。[21](截至本书撰写时,Chipotle 是唯一一家声明从非工业化农场购买猪肉的全国连锁餐厅。[22])除非你刻意寻找别的途径,否则你吃到的火腿、培根或猪排全部来自工业化农场。

小型农场结合传统饲养方式和现代创新技术,养出的猪与工业化农场的猪——被灌下大量抗生素、身体伤残、牢牢圈养、毫无生存乐趣——有着天壤之别。保罗·威利斯的农场是其中的佼佼者。他是推广传统养猪场的领头人之一(美国唯一的全国性非工业化猪肉供应商——尼曼农场公司的猪肉部负责人)。他认为美国最大的猪肉生产和加工商史密斯菲尔德是最糟糕的企业。

我很想先描述一番史密斯菲尔德的工厂有多么像地狱,来烘托非工业化农场的田园诗。然而这种写法仿佛在说,猪肉业正在朝更关怀动物福利、对环境更负责的方向前进。可惜事实恰恰相反。现在并没有出现"回归"传统养猪方式的潮流。推广家庭式养猪场的运动确实存在,但主要是传统的农民开始学习推广自家产品,守住原本的市场。工业化养猪场的数量仍在美国迅速增长,在世界范围内的扩张更是气势汹汹。[23]

老式情怀

艾奥瓦州桑顿市，我把车停在了保罗·威利斯的农场门口。保罗负责协调为尼曼农场公司供应猪肉的500来家小型农场。保罗让我去他的办公室会面，但眼前只有一幢简陋的红砖房和几座农场建筑。我有些困惑。早晨的农场一片安宁，一只身形瘦长、黄白相间的猫走了过来。我边走边找像办公室的地方，只见保罗从田里走过来，端着一杯咖啡，穿着深蓝色保暖连体工作服，棒球帽下露出棕灰色短发。他温和地微笑，用力地和我握手，之后，领我走进屋子。我们在一间厨房里坐了几分钟，厨房里满满当当的都是厨具，像是从冷战时期的捷克斯洛伐克走私出来的。桌上已经有煮好的咖啡，但保罗坚持要现煮一壶。"这些都放好一会儿了。"他边说边脱下保暖连体服，露出另一套蓝白相间的连体服。

"你可能想录下来。"保罗在正式开始前说。他的直白与热心，以及讲述自己故事的意愿，为这一天的采访奠定了基调，即便在我们意见发生分歧时也是如此。

"我就是在这幢房子里长大的，"保罗说，"从前我们一家人经常聚在这儿吃饭，大多是周日，祖父母、叔叔婶婶、堂兄弟、表姐妹等都会过来。晚饭常常会吃当季食物，比如甜玉米和新鲜西红柿。饭后，孩子们就会跑去附近的小溪和小树林中玩，直到精疲力竭。一天总是一眨眼就过去了。我现在办公的地方就是当时的饭厅，每周日的家宴就在那儿吃。其他时候我们就在厨房这儿吃，经常有很多人跟我们一块儿吃饭，尤其是有什么活动时，比如晒干草、阉割猪或建谷仓之类的，总之任何需要人帮忙的事。午饭也一样。只有遇到特殊情况，我们才会进城吃饭。"

厨房外是几间很空的房间。保罗的办公室里只有一张木桌，桌上的电脑屏幕上满是邮件、表单和文件；墙上挂着几幅地图，用大头钉标出了尼曼农场的供应商和屠宰场所在的位置。宽大的窗户外面是典型的艾奥瓦风景，起伏和缓的大片玉米地、大豆田和牧场。

"我先跟你说下概况，"保罗开始介绍，"我回农场后开始在牧场上养猪，差不多像现在这样。我小时候大家就是这么养猪的。我从小就会干各种家务杂活儿，会照看猪。当然，现在也有了不少变化，尤其是有了电力设备。过去干活儿全得靠体力。比如我们用的是干草叉。那会儿干农活十分辛苦。

"话说回来，我回到这儿，像这样养猪，干得很开心。后来规模开始扩大，我们一年养了 1000 头猪，就是现在这个规模。我看到越来越多的封闭式养猪场建成。那会儿，北卡罗来纳州就建了不少，例如墨菲家庭农场。我参加了很多会议，所有人都说：'这是未来的潮流。你必须扩大规模！'我说：'没有什么能比我现在做得更好了。没有。无论是对动物、对农民还是对消费者来说，都不可能更好。没有比我目前更合适的养殖方式了。'但他们说服了很多农民相信这是大势所趋。我想那会儿大概是 1980 年代末。我开始为'散养猪'寻找市场，实际上这个词就是我发明的。"

如果历史是另一个版本，保罗可能怎么也找不到愿意付更多钱买散养猪的客户。他的故事可能早已结束，就像过去 25 年来 50 多万家关门的小型养猪场的经营者一样。[24] 但保罗遇到了尼曼农场公司的创始人比尔·尼曼，很快他开始管理尼曼农场公司的猪肉生产，而比尔和他的团队为包括密歇根州的安迪、明尼苏达州的贾斯丁、内布拉斯加州的托德、南达科他州的贝蒂、威斯康星州的查尔斯等 500

家小型家庭式养猪场找到了市场。尼曼农场公司以每磅高于市场价 5 美分的价格从这些农场购买猪肉，并且设定了价格下限。现在，每头猪大概能比市场价高出 25 到 30 美元，正是这个不起眼的数字让这些农场在倒闭潮中挺了过来。[25]

保罗的偶像、农民作家的代表温德尔·贝瑞形容这类农场为"老式情怀驱使下对自然的模仿"。[26] 保罗的农场就是其中的典范。在他看来，这一生产模式的核心就是（尽量地）让猪活成猪的样子。对于养猪场经营者而言，这当然也包括让猪日渐肥实，据说它们的肉也格外美味。（在评味测试中，传统农场的猪肉总是远胜于工业化农场。）他们的理念是，动物福利与农民的利益可以是一致的，农民的任务就是在高效地将猪养至"屠宰体重"和不侵害动物福利之间找到一个平衡。如果有人宣扬农民与动物可以建立完美的共生关系，他多半是想向你兜售商品（而且该商品肯定不是豆腐做的）。"理想的屠宰体重"跟猪的最大幸福可不是一回事，然而，即便在最好的家庭式农场，两者也被混为一谈。刚出生一天便接受无麻药阉割手术（90% 的公猪仔都要接受这项手术[27]）也很难说能符合小猪的利益。当然与之后在牧场自由快乐的生活相比，这点儿短暂的痛苦不算什么——更别提工业化农场中猪的悲惨境遇了。

保罗期望保留传统养殖方式的优点，尽可能地在满足农业生产需求的同时，尊重猪的生物规律和生长节奏。

保罗坚持让猪活成猪的样子，而现代工业化农业一心追求利润的最大化，借鉴高层办公楼的设计，在各个国家或地区打造多层养猪场。两种大相径庭的理念在日常实践中有何差别呢？其中最明显的是，对养猪一窍不通的人也能一眼看出来在保罗的农场中，猪能够接触土地，而不是被水泥与石板包围。尼曼农场公司的很多养猪场都为猪提供了户外环境。无法提供户外环境的，则必须铺上厚实的草垫，让猪得以保留其习性，比如拱土、玩耍、筑巢、夜晚在干草堆上抱团取暖（猪喜欢聚在一块儿睡觉），等等。

保罗的农场有 5 块地，每块约 8 公顷，轮流养猪和种庄稼。他开着一辆空着车斗的巨大白色皮卡，带我兜了一圈。在深夜探访工业化农场之后，白天户外的景象格外令人愉悦：塑料大棚点缀着田野，谷仓外是无边无际的牧场、玉米地和大豆田。

所有养猪场的核心——如今也是动物福利机构关注的核心——是育种母猪。与尼曼旗下的所有农场一样，保罗将小母猪（未育）与成年母猪（已育）分开管理，以促进"稳定的社群关系"。（我引用的动物福利标准是由保罗和多位动物福利专家共同提出的，其中包括 30 年来一直致力于保护农场动物权益的戴安和马琳·哈弗森姐妹。）

为实现这一目标，"绝不能将一只动物贸然引入一个已有固定秩序的社会群体"。这大概不是会印在培根包装上的动物福利宣言，然而对猪而言十分重要。这一规则背后的原理其实很简单：猪需要熟悉的同伴的陪伴。就像大部分家长都不愿意让孩子在学年中间换学校，为了猪好，农民们也要尽可能让猪待在稳定的社会群体之中。

此外，保罗还要保证所有母猪都有足够的空间，让那些胆小的猪能够远离好斗的同伴。有时，他会用稻草堆建起"休养区"。他不会剪掉猪的尾巴或敲掉猪的牙齿，[28] 尼曼旗下其他农场也不会，[29] 那是工业化农场常用的手段，以避免猪伤人或同类相残。[30] 在稳定的社群中，猪能够自行解决纠纷。

尼曼旗下所有养猪场都会让怀孕的母猪生活在自己熟悉的社群中，并且能够接触户外环境。与此形成鲜明对比的是，美国近80%怀孕的猪，[31]例如史密斯菲尔德的120万头猪[32]都被单独关在钢筋水泥构筑的牢笼中，空间小得无法转身。尼曼农场对猪的运输和屠宰也有严格规定（同样来自规定猪必须拥有"稳定的社群关系"的动物福利标准）。他们并非沿用传统方式，而是在管理和技术上都有不少改进：为搬运工和卡车驾驶员提供人道运输培训，监督屠宰过程，记录文档以落实问责制，聘请训练有素的兽医，避免在极端炎热或寒冷的天气下运输动物，使用防滑垫和电击枪等。当然，尼曼农场公司想要实现的不止这些，但他们没有能与大企业抗衡的影响力。因此他们不得不花大量时间协商，做出部分妥协，比如为了将猪送往符合条件的屠宰场，不得不让它们经历长途运输。

其实在尼曼旗下这些农场里，那些你看不到的东西更令人惊叹。他们不会给动物喂食非治疗性的抗生素和激素。这里没有装满死猪的土坑或容器。这里也没有恶臭，因为没有动物粪便池。由于动物数量适中，粪便能够作为肥料回归土地，为庄稼提供养分，而这些庄稼又将成为猪饲料。这里当然也有痛苦，但更多是平淡的日常生活，甚至纯粹的快乐时刻。

保罗及其他尼曼农场的农民之所以这样做，不仅是出于自愿，还因为他们必须依照公司提供的指南行事。他们签订了合同。他们受到独立监管机构的监督，甚至还要让像我这样的人参观农场。这一点十分重要，因为大部分人道农业标准不过是肉类企业打消公众疑心的花招。要找到一家真正的非工业化农场绝非易事，像尼曼农场这样极小规模的企业已经是其中的巨头。[33]

我准备离开保罗的农场时，他提到温德尔·贝瑞，并指出，每个人每一次在超市购物或在餐厅点菜时，实际上都不可避免地对农业政策产生了有力影响。他引用贝瑞的话说，你所做的有关食物的每一个决定，都是在"通过代理参与农业"。

贝瑞在《平凡事的艺术》一书中阐释了这一理念：

> 我们使用的方法……与采矿业越来越相似……这一点很多人都心知肚明。但也许所有人都不清楚的是，作为个人，尤其是个体消费者，我们在多大程度上参与了大企业的所作所为……大多数人……都已授权大企业生产和提供他们所吃的全部食物。[34]

这是一个强有力的观点。我们在服务员的催促下点的菜，我们扔进超市购物车或集市购物袋的或老套或新奇的商品，正是这些选择造就了食品行业的巨头。

我们最后回到保罗家中。小鸡在前院跑来跑去，旁边是猪圈。"这栋屋子最早是我曾祖父马里乌斯·弗罗伊建的，他是来自德国北部的移民。随着家庭成员越来越多，房子也一点点扩大。我们从1978年开始就住在这里。安妮和萨拉就在这儿长大。她们以前会走到路尽头去搭校车。"

几分钟后，保罗的妻子菲莉斯带来一个消息：一家工业化农场从邻居那里购买了一块土地，很快将建成一座可容纳6000头猪的设施。新建的工业化农场就在保罗和菲莉斯渴望颐养天年的家旁边，这座山丘上的小房子俯瞰着保罗耕作了几十年的中西部草原。他们称之为"梦想农场"。现在，就在他们的梦想旁边，一场噩梦在逼近：数千头饱受病痛折磨、生活痛苦的猪，以及挥之不去的令人作呕的恶臭。新建的工业化农场不仅会严重损害保罗农场的土地质量和经济价值（工业化农业造成的土壤恶化给美国带来了高达 260 亿美元的经济损失 [35]），还会威胁保罗一家的健康，让生活变得不堪忍受，最糟的是，这正是保罗奉献了一生的事业的反面。

"支持这些东西的只有那些企业主。"保罗说。菲莉斯补充道："大家都恨透了那些农民。做一份招人恨的工作好过吗？"

在那间厨房里，工业化农场的阴影正在靠近。然而也有像保罗这样的抵抗力量。（菲莉斯也在积极参与地区政治活动，以期限制艾奥瓦州工业化养猪场的数量和影响。）当然，我描述的都是当时的状况。如果这个故事打动了你，那么或许会有新的抵抗力量加入进来，并最终结束工业化农场。

3

粪便

保罗一家的遭遇绝非个案。工业化农场，尤其是封闭式养猪场带来的污染与恶臭引发了世界各地众多群体的抗议。

美国最著名的一起养猪厂诉讼案，抗议的正是工业化养猪场的严重污染。（这是养殖业造成的主要环境问题之一。）原因很简单：巨量粪便。如此大量的粪便没有经过妥善处理，逐渐渗入河流、湖泊和海洋，造成野生动物的死亡，污染水、空气和土壤，威胁人类的健康。

今天，一座典型的养猪场每年能产生 3270 吨粪便，一座养鸡场每年制造的粪便是 2990 吨，而一座养牛场每年的粪便更是高达156000 吨。[36] 据美国审计总署（GAO）的报告，每座农场"产生的生物废料比有些城市全部人口制造的总量还要多"。[37] 美国农场动物大约每秒就要制造 39 吨粪便，[38] 是人类的 130 倍。[39] 这些粪便的污染力是未处理的城市污物的 160 倍。[40] 然而农场几乎不设任何处理设施，没有茅坑，没有排污管道，不会被运走，也不受任何联邦政府法规的限制。[41]（美国审计总署称，联邦政府没有收集关于工业化农场的数据，甚至不知道全美国工业化农场的数量，因此无法制定"有效法规"。）那这些粪便怎么办呢？我们来看看美国主要猪肉生产商史密斯菲尔德旗下农场里粪便的命运。

史密斯菲尔德每年宰杀的猪有 3100 万头，比纽约、洛杉矶、芝加哥、休斯敦、凤凰城、费城、圣安东尼奥、圣地亚哥、达拉斯、圣何塞、底特律、杰克逊维尔、印第安纳波利斯、旧金山、哥伦布、奥斯汀、沃斯堡和孟菲斯加起来的人口总数还要多。[42] 据美国国家环境保护署提供的保守数据，每头猪产生的粪便是人类的 2 到 4 倍；[43] 把史密斯菲尔德产生的粪便重量分摊到每个美国公民头上，每人每年要分到 127 千克。[44] 史密斯菲尔德一家公司所产生的粪便量比加利福尼亚和得克萨斯两个州全部人口加起来的排泄物量还要多。[45]

让我们来想象一下。如果有一天，我们习以为常的大型下水道系统消失了，加州和得州每座城镇的每个男人、女人和儿童都在街边大小便，那会是什么情形？是不是一天也无法忍受？那如果是一年呢，如果永远如此呢？要理解大量粪便对环境造成的影响，我们先要知道粪便是由什么构成的。记者杰夫·蒂耶兹在为《滚石》杂志撰写的关于史密斯菲尔德的文章中，列出了工业化养猪场里粪便的常见成分："氨、甲烷、硫化氢、一氧化碳、氰化物、磷、硝酸盐和重金属。此外，粪便会滋生 100 多种可以导致人类生病的微生物病原体，包括沙门氏菌、隐孢子虫、链球菌和贾弟虫。"[46]（在工业化农场附近生活的儿童，哮喘患病率超过 50%，得哮喘的概率是其他地区儿童的两倍。[47]）而且这些粪堆并不全是粪便，还有工业化农场漏缝板下所能容纳的所有污物，包括：流产的胚胎、胎盘、死猪仔、呕吐物、血、尿、抗生素注射器、破损的杀虫剂罐、毛发、脓液甚至残肢。[48]

养猪场试图让我们相信土壤能够吸收粪便中的一切毒素，然而事实并非如此。[49]污物会渗入水道，氨和硫化氢等有毒气体则会蒸发到空气中。当橄榄球场大小的粪池满到快溢出来时，史密斯菲尔德等工业化农场的处理方式是将这些粪便液化并洒到地里。有时甚至直接喷洒到空气中，灰色粪水柱产生的毒气漩涡足以损害人类的神经系统。工业化农场附近的居民经常出现流鼻血、耳朵疼、慢性腹泻、肺部灼烧感等症状。即便政府迫于压力出台了相关限制法规，但企业往往利用其巨大的政治影响来干扰法规的执行。

史密斯菲尔德巨额的利润——2007 年的数据为 120 亿美元——背后是高昂的代价：粪便带来的污染、疾病以及土地价值的减损（这只是其中最显著的几项）。如果不是将这些负担转移给了民众，史密斯菲尔德不可能生产出如此廉价的猪肉。与所有工业化农场一样，史密斯菲尔德巨大的利润与效益是通过广泛的掠夺得来的。

退一步说，粪便本身并无危害。相反，粪肥一直是农民的朋友，正是它为土壤提供养料，促进庄稼生长，庄稼养活农场动物，动物又为人类提供肉类食品，其排泄物再次回归田野。粪便之所以成为问题，是因为美国人对肉类的需求之大前所未有，且不愿为此付钱。为了达到这个目的，我们抛弃了保罗的梦想农场，转而追随史密斯菲尔德，从农民手中夺走了养殖业，并默许这些大企业将代价转嫁给公众。在消费者的忽视与遗忘（甚至支持）下，史密斯菲尔德等大企业开始以可怕的密度饲养动物。农民无法在自己的土地上种出足够的饲料，必须从外面购入。与此同时，土地无法吸收过量的粪便——不止多了一点儿，不止多了很多，而是多到难以承受。北卡罗来纳州的3座工业化农场产生的氮（植物肥料中的重要成分）超过了这个州全部农作物所能吸收的总量。[50]

回到之前的问题：如此大量的、危害严重的粪便要如何处理呢？

按照最初的设计，污物经过液化后，将被注入猪圈旁巨大的粪池里。粪池最大面积能达到10000多平方米，相当于拉斯维加斯最大那家赌场的面积，深度可达9米。[51] 这种处理方式是合法的，哪怕这些湖泊般的粪池并不总能容纳所有污物。一家屠宰场附近往往有100多座巨型粪池（工业化养猪场常常聚集在屠宰场周边）。[52] 如果有人不小心掉进去，必死无疑。（如果一个人在养猪场的畜棚内碰上停电，几分钟之内就会窒息而死。[53]）蒂耶兹讲了一个关于粪池的恐怖故事：

> 密歇根州的一位工人在修理粪池时，因不堪恶臭失足坠入池中。他15岁的侄儿跳下去想救他，结果被熏晕，他的堂兄跳进去救自己的儿子，也被熏晕，他的哥哥跳进去想救他们同样被熏晕，最后那位工人的父亲也跳了进去。最后他们全部死在那堆猪粪中。[54]

对史密斯菲尔德这类大企业而言，这是成本效益分析的结果：宁可交污染罚款，也不愿终结工业化农场，而这是改变可怕现状的唯一出路。

即便偶尔受到法律限制，这些大企业也总能找到规避方法。[55] 就在史密斯菲尔德在布拉登县建起世界上最大的屠宰加工厂的前一年，北卡罗来纳州立法机构撤销了县政府监管养猪场的权力。史密斯菲尔德未免太走运了些。但这或许并非巧合：联名提出这项议案的前议员温德尔·墨菲现在是史密斯菲尔德的董事会成员，也是墨菲家庭农场的前主席和CEO，这家工业化养猪场后来在2000年被史密斯菲尔德收购。

就在撤销县政府监管权的几年之后，1995年，史密斯菲尔德发生粪池泄漏，往北卡罗来纳州的新河注入了超过9万立方米的粪水，[56] 造成了史无前例的环境灾难，比6年前轰动一时的阿拉斯加港湾漏油事故排出的污染物还要多一倍。[57] 这次事故泄漏的粪水足够填满250个奥运会比赛泳池。[58] 据美国民间环保组织塞拉俱乐部的"动物工厂犯罪档案"披露，仅1997年一年，史密斯菲尔德就因违反《清洁水法案》受到7000次处罚，相当于每天犯法20次。[59] 美国政府指责该公司向切萨皮克湾的支流帕冈河倾倒非法污物，并试图伪造和销毁记录来掩盖违法行径。1次违法可能是大意，10次违法或许也是粗心，但一年7000次违法只可能是明知故犯。他们被处以1260万美元的罚款，这是当时美国历史上针对环境污染的最大一笔民事罚款，[60] 然而这家公司10个小时就能赚回这笔钱。[61] 史密斯菲尔德前CEO约瑟夫·鲁特三世2001年的股票收入就有1260万美元。[62]

消费者是如何回应的呢？在污染达到前所未有的灾难级别时，

我们嚷嚷抗议了一阵，史密斯菲尔德（或其他的大企业）说两句"哎呀糟糕"，我们就接受了道歉，接着吃工业化农场生产的肉制品。史密斯菲尔德不仅挺过了官司，而且蒸蒸日上。在帕冈河泄漏事故发生时，史密斯菲尔德是美国第七大猪肉生产商，两年之后，它成为全美最大的猪肉生产商，从此一直稳坐头把交椅。现在美国 1/4 的猪肉都是来自史密斯菲尔德的屠宰场。[63] 我们的饮食方式——我们每天交给史密斯菲尔德之流的钱——养活了最糟糕的企业。

据美国环境保护局的保守估计，鸡、猪和牛的粪便已经污染了美国 22 个州 5600 万米的河流（地球的周长约为 4000 万米）。[64] 短短 3 年之内，工业化农场的粪便污染已引起 200 次鱼类死亡事件，即某地区的全部鱼群同时死亡。[65] 在这些有记录的事件中，1300 万条鱼被粪便毒死，如果把它们的尸体沿美国西海岸排成一列，足以从西雅图排到墨西哥边境。[66]

工业化农场附近的居民多为穷人，被大企业视为无足轻重的牺牲品。他们被迫吸入的粪雾通常不会致命，但足以引起咽喉疼痛、头疼、咳嗽、流鼻涕、腹泻甚至精神疾病，症状包括焦虑、抑郁、易怒和疲乏等。[67] 加利福尼亚州议会的一份报告称，"研究发现，（动物排泄物）粪池散发的有毒化学物质经空气传播可导致人体炎症、过敏以及免疫系统和神经系统疾病。"[68]

在工业化养猪场周边居住，甚至可能更易感染俗称"食肉细菌"的耐甲氧西林金黄色葡萄球菌（MRSA）。[69] 这种菌能够造成"茶碟大小的鲜红伤口，触碰便疼痛难忍"。在美国，截至 2005 年，这一细菌每年致死的人数（约 18000 人）超过了艾滋病。据从小在农场长大的《纽约时报》专栏作者尼古拉斯·克里斯托弗报道，印第安纳州的一位医生本来要发布对工业化农场与 MRSA 之间联系的猜测，却不幸突然死于这一病菌引起的并发症。两者之间的联系尚无定论，但正如克里斯托弗指出的那样，"更重要的问题是，我们这个国家是否已经走向以所有人的健康为代价的廉价农业模式。尽管我们还没有最后的结论，但答案越来越像是肯定的。"

工业化农场附近居民遭遇的严重健康问题也蔓延至了全美国，只是症状较为缓和。世界上最大的公共卫生职业协会美国公共卫生协会早就提出警告，列举了一系列与动物粪便和抗生素滥用有关的疾病，并呼吁暂停工业化农场。[70] 皮尤委员会牵头的著名专家小组在进行了为期两年的研究后，更是倡议为了动物福利和人类健康，必须完全淘汰"过于密集的、不人道的养殖"。[71]

然而真正最有影响力的代理人——选择吃什么和不吃什么的人——仍然听之任之。美国至今没有出台全国性的暂停令，更别说淘汰这一系统了。我们让史密斯菲尔德等企业大发横财，并在世界范围内大举扩张。史密斯菲尔德从美国起步，如今在比利时、中国、法国、德国、意大利、墨西哥、波兰、葡萄牙、罗马尼亚、西班牙、荷兰和英国皆有分支。[72] 约瑟夫·鲁特三世的身家已经高达 1.38 亿美元。[73] 他的姓在英语中恰好和"掠夺者"（looter）发音相同。[74]

4

新型施虐狂

环境问题至少有政府机构与专家跟踪调查，因为他们的职责就是对人类负责，但工业化农场中动物的遭遇要通过何种渠道了解呢？

非营利组织的秘密调查，是公众了解工业化农场和屠宰场日常运作的唯一窗口。[75] 秘密调查人员拍摄的录像显示，在北卡罗来纳州的一家工业化养猪场中，部分工人每天都会虐待猪，比如用扳手敲打怀孕的母猪，甚至将 30 厘米长的铁杆伸进母猪的直肠和阴道。这些行为绝不是为了提高猪肉质量或让猪为屠宰做好准备，而是出于纯粹的变态心理。还有录像记录了工人在猪意识清醒的情况下砍下它们的四肢或剥它们的皮的过程。[76] 在一家美国大型猪肉生产商的养猪场里，工人不仅会殴打猪，还会蛮力扔掷或踢踹，甚至把它们按在地上用铁棍和锤子反复抽打。[77] 对另一家农场长达一年的调查揭露了成千上万头猪日常受到的虐待，包括被烟头烫、被耙子和铲子打、被勒死或被扔进粪池淹死。工人甚至还将电棒伸进它们的耳朵、嘴、阴道和肛门里。调查称，农场管理人员会纵容此类行径，而政府也不予追究。[78] 缺乏惩戒是惯例，而非特例。这也并非执法机构一时的松懈，因为还从来没有企业因为虐待农场动物而受到严厉处罚。

无论哪家工业化农场，这类问题都层出不穷。有调查显示，肯德基的主要供货商泰森食品旗下的一家屠宰场中，工人经常将意识仍然清醒的鸡的头割下（征得了主管的同意），还会往挂着的动物身上撒尿（尿液同时也洒到传送带上），常年使用无法准确切割的劣质屠宰设备。[79] 在肯德基"年度最佳供货商"皮尔格林普拉德的农场里，鸡在意识清醒的状态下被踢、被踩、被掷到墙上，还有工人将烟草吐到它们眼睛里，将粪便从它们身体里挤出来，将它们的喙生生拔掉。[80] 泰森食品和皮尔格林普拉德可不仅是肯德基的供货商，[81] 在我撰写本书时，它们是美国最大的两家鸡肉加工厂商，每年杀死的鸡近 50 亿只。[82]

工人将自己的不满情绪发泄在农场动物身上，做出这些极端（然而并不罕见的）行径。但是，即便没有秘密调查揭露的这些虐待行为，工业化农场的动物也已经生活得很痛苦。

　　我们来看一看一头怀孕母猪的生活。强大的生育能力导致了她悲惨的命运。相比1头母牛每次只能产下1头小牛，工业化农场中的1头母猪平均要生产和养育9头小猪，而这一数字每年还在增长。[83] 她被迫尽可能多地产崽，一生中大部分时间都处于怀孕状态。产期临近时，她会被喂食催产药，以便在农场工人最方便的时间生产。[84] 小猪断奶以后，她会被注射促进"生理周期"的激素，短短3周之后又可以再度进行人工授精。[85]

　　为期16周的孕期，80%的母猪都将在"孕笼"中度过，笼子的空间小得无法转身。[86] 由于缺乏运动，她的骨密度会下降。[87] 加上笼子里没有草垫，极易擦伤，她身上经常会出现硬币大小、乌紫且充满脓液的伤口。（在内布拉斯加州的一次秘密调查中，录像显示怀孕母猪的脸、头、肩、背和腿上均有裂开的伤口，有的几乎与拳头一样大。一位工人说："它们都有伤口……你很难找到一头没受伤的猪。"[88]）

　　更加普遍和严重的问题是隔离造成的孤独与无聊，以及怀孕的母猪会有强烈的挫败感。[89] 因为天性驱使，为迎接新生小猪，母猪在生产前本应花大量时间到处寻觅青草、树叶、稻草等用来筑巢，现在却什么也做不了。[90] 工业化农场为了降低饲料成本会控制母猪体重，母猪因此经常处于挨饿状态。[91] 此外，猪会尽可能避免在睡觉的地方排泄，然而被关在笼子里的它们不得不违反自己的天性。工业化农场中的猪无一例外地被自己的粪便包围。[92] 工业化农场声称笼养有利于控制和管理动物，但这无疑离改善动物福利更远了，因为当所有动物都一动不动时，你很难分辨出哪只生病或受伤了。[93]

在不可否认的事实面前，公众愤怒了，工业化农场的残忍引起了广泛的讨论。最近，佛罗里达、亚利桑那和加利福尼亚3个州通过投票，开始逐步淘汰孕笼。科罗拉多州也准备起草禁止笼养的法案，并且在美国人道协会的推动下，肉类企业对此也表示了支持。这是希望的曙光。尽管只有4个州出台禁令，孕笼仍可在其他州继续推广，但这已经是一场胜利，一场至关重要的胜利。

越来越多的母猪将会与同伴一起，生活在小型猪圈中。尽管它们不能像保罗·威利斯的猪一样在田地里奔跑或晒太阳，但它们至少有足够的空间睡觉和伸展腿脚。它们不会满身伤口，不会发疯似的啃笼子的栏杆。这一改变不会根除或抹杀工业化农场的罪恶，但至少改善了这些母猪的生活。

无论在孕笼里还是在小型猪圈中生活，母猪在生产时——业界称为"产崽"——都会被关进一个跟孕笼差不多大小的笼子里。[94]一位工人说他们不得不"把（这些孕猪）往死里打，才能将她们赶进笼子"。[95]另一家农场的工人也描述了日常用棍棒对母猪进行的毒打："有个人把一头母猪的鼻子打得稀巴烂，那头猪最后因无法进食而死。"[96]

有人为工业化养猪场辩解说，母猪有时会不小心压死自己产下的猪崽，因此产崽笼是必要的。这就像在说，我们要砍掉森林里所有的树来预防火灾。与孕笼一样，困在狭小产崽笼中的母猪也无法转身。有时母猪也会被绑着固定在地上。这些做法确实能避免母猪压死猪崽。但在保罗·威利斯的农场中，根本就不会有这个问题。一头经农民挑选出的具有"母性"的母猪，嗅觉不会被身下液化粪便的恶臭损坏，听觉不会被金属笼子的哐当声削弱，她会有足够的空间来观察每只猪崽的位置，平时也得到了足够锻炼，因此腿脚灵活，能够慢慢躺下，根本不会压死自己的幼崽。[97]

在工业化农场中不只幼崽有危险。据欧盟科学兽医委员会记录，笼养的猪多见骨骼脆弱、腿伤、心血管病、尿路感染等问题，而且肌肉萎缩严重，躺下来都十分困难。[98]其他研究也证实，先天基因问题加上缺乏运动、营养不良，10%到40%的猪都出现了膝内扣、弓形腿和足内翻的问题。[99]据行业期刊《美国猪农》报道，7%的育种母猪由于笼养和密集生产的压力而早逝，[100]有些农场的这一数据超过15%。[101]很多母猪因为被关在笼子里而发疯，[102]疯狂地啃栏杆，不停地按喂水器，甚至喝自己的尿液。[103]还有些母猪表现出动物学家称为"习得性无助"的症状。[104]

那么使她们遭受这些折磨的借口——猪崽呢？

很多猪崽先天畸形。常见的先天性疾病包括腭裂、雌雄同体、乳头凹陷、无肛门、八字腿、震颤和疝气。[105]腹股沟疝尤为常见，在阉割时顺便进行手术已成常规。[106]即便是没有先天缺陷的猪崽，在出生后头几周内身体也会遭受一连串伤害。在工业化农场的环境中，抢食的猪群易发咬尾症，强壮的猪经常咬伤体弱的猪，因此在猪崽出生后48小时内，它们的尾巴[107]和可从侧面咬伤同伴的"针牙"[108]会被剪掉，且过程中不会使用麻药。猪崽通常被圈养在温暖（22摄氏度到27摄氏度）、黑暗的环境中，以使它们昏昏欲睡，减少相互咬啄或吮吸同伴肚脐、尾巴、耳朵等压力导致的"恶习"。[109]像保罗·威利斯那样的传统农场，则是通过提供宽敞的空间、丰富的活动，以及培养稳定的社群关系来解决这类问题。

工业化农场通常会在猪崽出生后的头两天，为其注射铁补充剂，因为母猪生长过快、生育过多，奶水中往往没有足够的营养元素。[110] 公猪崽出生十天内会被摘除睾丸，手术过程中依然没有使用麻药。这一步主要是为了改变猪肉的味道，美国消费者更喜欢吃经过阉割的动物。[111] 此外，小猪的耳朵上还可能会被剪去硬币大小的一块肉，作为身份标识。有9%到15%的猪崽活不到断奶的时刻。[112]

猪崽越早开始吃固体食物，便能越早长到屠宰体重（109到120千克）。[113] 这些固体食物中往往含有一种来自屠宰场的副产品——干血浆。（它们能使猪更快长胖，但同时会严重损害它们的胃肠道黏膜。）[114] 自然界中，猪通常在第15周左右断奶，[115] 而在工业化农场中，它们长到15天就要被强制断奶，现在越来越多农场甚至将这一时间缩短至12天。[116] 这个阶段的猪崽还不能消化固体食物，因此它们需要同时吃药来防止腹泻。[117] 断奶后的猪会被关进粗铁笼里，一个垒在另一个上面，高处笼子里的粪便与尿液就漏到低处的动物身上。农场会让这些猪崽在笼子里待尽可能长的时间，直到搬去最后一站：拥挤的猪圈。猪圈之所以挤成一锅粥，正如业内一本杂志指出的，是因为"拥挤的猪群最能赚钱"。[118] 拥挤的环境中，猪没有活动空间，因此热量消耗更少，无须多少饲料也能长得更肥。

在任何类型的工厂中，标准化都是关键。生长速度不够快的猪崽纯属耗费资源，不为农场所容。工人会拎起它们的后腿，往空中一抡，把头摔向水泥地面。他们称之为"砸"。"我们一天能砸120只。"密苏里州一家农场的工人说。[119]

我们把它们抡起来、砸下去，然后扔到一旁。砸了 10 只、12 只或 14 只以后，再一块儿送去垃圾间，堆到搬运尸体的卡车上。如果那会儿它们还活着，就得再砸一次。我甚至见过有猪崽的一只眼珠都掉出来了或下巴都裂了还在乱跑，血流得到处都是。

"他们管这叫'安乐死'。"那位密苏里工人的妻子说。

靠着饲料中成堆的抗生素、激素及其他药物，猪虽然不健康，但大部分都能撑到屠宰日。工业化养猪场消耗最多的是治疗呼吸问题的药。由于封闭空间空气潮湿、猪圈过于拥挤、猪在压力环境中免疫系统受损，而且常年堆积的粪便散发有毒气体，呼吸道问题几乎不可避免。30% 到 70% 的猪都感染过呼吸道疾病，4% 到 6% 的猪因此死亡。[120] 高密度的病畜显然容易催生新型流感病毒，有时，整个州的全部猪群都会感染新型病毒（并且，这些病毒越来越可能传染给人类）。[121]

工业化农场的世界早已黑白颠倒。兽医的任务不是让动物保持健康，而是让效益最大化。药物不是用来治疗疾病的，而是用来顶替动物被摧毁的免疫系统。农民不想费心养殖健康的动物。

5

水下的虐待（重要补充）

养猪场中的虐待与污染是所有工业化农场的缩影。工业化农场中的鸡、火鸡和牛生活的环境不尽相同，但它们无疑都在遭受折磨。鱼也是如此。在我们的印象中，鱼和陆栖动物相去甚远，但如今的水产养殖业——高密度圈养海洋生物——其实就是水下的工业化农场。

我们吃的很多海鲜，例如绝大部分三文鱼，都来自人工养殖。水产养殖业的初衷是解决野生鱼群数量锐减的问题。然而正如一些报告所说，三文鱼养殖场的出现并没有减少消费者对野生三文鱼的需求，反而推动了全球范围内对野生三文鱼的捕捞。[122] 野生三文鱼的捕捞量在 1988 年到 1997 年之间增长了 27%，三文鱼养殖业正是在这一时期迅速发展起来的。[123]

养鱼场的动物福利问题与其他工业化农场如出一辙。行业指南《三文鱼养殖手册》中列举了 6 个"水产养殖环境中可导致压力的因素"："水质""鱼群数量""人工干预""干扰""营养"和"等级制度"。具体地说，三文鱼可能遭受的六种压力来源为：(1)浑浊的水质令它们难以呼吸；(2)鱼群密度过大，甚至出现同类相食的情况；(3)粗暴的人工干预，鱼群翌日表现出明显的应激反应；(4)工人与周边野生动物造成的干扰；(5)营养不足，免疫系统脆弱；(6)无法形成稳定的社会等级制，更易造成同类相食。[124] 这些问题十分普遍，[125] 以至于被指南称为"组成养鱼业的完整元素"。[126]

三文鱼及其他鱼类饱受折磨的主要原因之一，是浊水中大量的海虱。它们会在鱼身上咬出伤口，甚至咬穿鱼脸，啃到只剩骨头，这一常见现象在业界被戏称为"死亡加冕"。[127] 三文鱼养殖场的海虱数量比自然界高出 3 万倍。[128]

在这种条件下存活下来的鱼（10% 到 30% 的死亡率是业内公认的合理损失[129]）在被运去屠宰之前要饿 7 到 10 天，以减少运输途中的排泄物。[130] 屠宰的工人先将它们的鳃切下来,接着将它们扔进水缸,让它们流血至死。它们往往仍有意识,身体因痛苦不断抽搐,直至死亡。有些屠宰场会先将它们击晕,但现阶段使用的设备并不牢靠,有时反而给它们造成更多的痛苦。[131] 与鸡和火鸡的处境一样,没有法律要求鱼的人道屠宰。

那么吃野生鱼是不是更人道呢?与拥挤肮脏的圈养相比,它们被捕捞之前的生活当然更为自在。这点当然很重要。但我们来看看美国最常见的海鲜——金枪鱼、虾和三文鱼的捕捞方式。如今主要有三种捕捞方法:延绳、拖网和大型围网。延绳看上去就像浮在水中的电话线,不过不是用电线杆而是用浮球相连。主线上每隔一段就串有"支线",每条支线上都挂满钩子。浮球上装备有 GPS 等电子通信设备,方便渔夫进行回收。现在想象一条船上撒下几十上百条这样的延绳,然后几十上百甚至几千条船同时撒下这么多延绳。

如今延绳的长度能够达到 120 千米——足够往返英吉利海峡三个来回。[132] 每天大约要撒下 2700 万个鱼钩。[133] 而延绳捕获的不仅是"目标猎物",还有其他 145 种生物。有研究发现,延绳捕捞每年要误杀约 450 万只海洋生物,包括 330 万只鲨鱼、100 万只旗鱼、6 万只海龟、7.5 万只信天翁和 2 万只海豚与鲸。[134]

但延绳混获的数量仍无法与拖网相比。现在最常见的捕虾拖网能够覆盖 25 到 30 米的宽度。[135] 拖网会以每小时 4.5 到 6.5 千米的速度犁过海洋底部,在几个小时之内将所有虾(及其他一切)扫入漏斗型渔网。[136] 拖网捕捞对海洋造成的危害相当于砍光一片雨林。拖网主要用于捕虾,但同时也将鱼、鲨鱼、鳐、螃蟹、乌贼、扇贝等[137]100 多种典型的海洋生物[138]一网打尽,令其难逃一死。

这种竭泽而渔的方式十分危险。混获的数量通常占到拖网捕捞量的 80% 到 90%。[139] 在最低效的拖网捕捞中，高达 98% 的渔获会被扔回海中，而它们早已死亡。[140]

我们正在减少全球海洋生物的多样性和活力（最近的科学研究开始量化这一结果）。[141] 现代渔业技术正在摧毁复杂脊椎动物（比如三文鱼和金枪鱼）赖以生存的生态系统，只有少数靠植物和浮游生物为生的物种有可能幸存。我们爱吃的鱼通常是位于食物链顶端的肉食性鱼类，例如金枪鱼和三文鱼，因此我们实际上在帮助食物链下一环的物种消灭捕食者，令它们的数量在短期内大增。[142] 我们又开始大肆捕捞这一物种直至其绝迹，然后再把目标对准食物链上的下一环。由于这一过程与人类的代际更替相比较为缓慢（你知道祖父母那一辈吃的是什么鱼吗？），而且渔获量一直没有减少，容易让人误以为渔业具有可持续性。没有人想故意造成破坏，但这种经济模式最终会走向崩溃。准确地说，我们不是在清空海洋，而是将一片生活着上千物种的森林砍光，改成一片只生长一个物种的大豆田。

拖网与延绳不仅对生态环境具有严重危害，对动物也十分残忍。拖网将数百种海洋生物拉入网中，在几个小时里相互挤压，被珊瑚划伤，被岩石撞碎，接着被拖出水面，经历痛苦的失压（失压有时会令动物的眼珠脱落，内脏从嘴里掉出来）。延绳捕捞的动物同样要经历漫长的死亡。有些被钩住的鱼直到被从鱼线上取下来才死去。有些则是死于鱼钩在嘴里造成的伤口，或是在尝试逃脱时断气，还有些是被捕食动物咬死的。

剩下的最后一种捕捞方式——大型围网，主要用于捕捞美国最常见的海鲜金枪鱼。渔夫用一堵网墙将一群鱼团团围住，接着将网的底部收拢，就像拉拢巨大钱袋上的细绳。金枪鱼及附近所有海洋生物统统被收入囊中，拖上甲板。缠在网上的鱼有可能慢慢挣脱，但绝大部分都会在船上慢慢窒息，或被活活剪去腮帮，慢慢死去。鱼有时会被扔到冰上，进一步延长它们的死亡过程。《应用动物行为学》杂志新近发表的一篇研究称，意识清醒的鱼在被扔进冰水后，大约要经过 14 分钟缓慢而痛苦的过程才最终死亡（野生捕捞和养鱼场养殖的鱼都是如此）。[143]

这一切是否值得我们关注，是否足以影响我们的饮食选择？或许我们需要规范鱼类商品的标签，来帮助我们做出更好的选择。如果每条三文鱼上的标签都写着：一条 0.8 米长的养殖三文鱼终生都在浴缸大小的水域中度过，严重的污染常常导致它们双目流血。这是否会阻止挑剔的杂食者购买呢？[144] 如果标签上指出工业化养殖导致三文鱼寄生虫暴增，生病次数增加，基因受损，产生新型抗生素耐药性呢？[145]

有些事无须标签来告诉我们。尚且有少数牛和猪的屠宰过程符合人道标准，但没有一条鱼能够死得不痛苦。一条也没有。你永远无须怀疑盘子里这条鱼是否遭受过折磨。答案是肯定的。[146]

无论是鱼、猪或其他动物，它们是否遭受折磨是这个世界上最重要的问题吗？显然不是。但这不是问题所在。真正的问题是，这件事是否比吃上寿司、培根和炸鸡块更重要？

6

吃动物

由于我们吃饭常常是与他人一块儿，这使得饮食选择更加复杂。

餐桌情谊的历史可以追溯至人类的源头。食物从一开始就与家庭和回忆联系在一起。人类不仅仅是会吃的动物，而且还吃动物。

每周与最好的朋友一块儿吃寿司、在自家后院的聚会上吃我爸做的芥末洋葱火鸡汉堡、每年逾越节吃外婆做的鱼丸冻，都是我最快乐的回忆。如果没有美食，这些聚会也会黯然失色，这点很重要。

放弃寿司或烤鸡错过的不仅仅是愉悦的味觉体验。改变我们的饮食、让有关食物的记忆褪色，是一种文化上的损失、一种遗忘。但这种遗忘或许值得我们去接受和培养（是的，遗忘也需要培养）。为了动物及其福利，我可能必须要放弃一些滋味，另觅开启回忆的钥匙。

记忆与遗忘是同一个心理过程。写下一个细节，就是放弃另一个细节（除非你能做到永不停笔）。记住一件事就是让另一件溜走（除非你能永远铭记所有事）。遗忘可以是道德的，也可以是不义的。我们不可能拥有一切。因此，关键不在于我们是否会遗忘，而在于我们选择忘记什么——也就是说，不是能不能改变饮食，而是如何改变。

最近，我和朋友开始吃素寿司，或是去寿司店隔壁的意大利餐馆。我的孩子或许不会记得后院的火鸡汉堡，但他们会记得我烤焦的蔬菜汉堡。上次逾越节，鱼丸冻也不再是主菜，但我们倒是讲了不少跟它有关的故事（尤其是我）。我们讲了《出埃及记》——关于弱者如何以最意想不到的方式战胜强者的最伟大的故事，还有不少其他有关弱者与强者的故事。

在特定场合与特定的人吃特定食物，其用意在于将这一顿饭与平常分开，而加入新的意义会令其更丰富。我觉得为了正当的理由改变传统没什么错，何况在这种情况下，传统并没有打折扣，而且得到了升华。

在我看来，给自己和家人吃工业化农场的猪肉是不对的。当朋友坐在你身旁吃工业化农场猪肉时，保持沉默或许也是不对的，尽管要说出合适的话很难。猪具有丰富的感受，对工业化农场带给它们的悲惨生活，我们无法视而不见。这就像把狗终身关在一间衣橱里，而猪的遭遇实际上更惨。工业化养猪场造成的环境破坏更是不容反驳。

出于同样的原因，我也拒绝吃工业化养殖的鸡肉和海鲜。或许这些动物看上去没有猪那么聪明，但我们仍然能感受到它们的痛苦。我在收集资料的过程中了解到，禽类与鱼类具有高级的智力和复杂的社交关系，它们的悲惨程度不亚于工业化农场的猪。

养牛场不那么令我深恶痛绝（抛开屠宰问题，100% 草饲牛肉可能是所有肉类中的最佳选择——下一章我会展开讲）。当然，比工业化养猪场或养鸡场好说明不了什么问题。

在我看来，既然我和家人不是非吃肉不可——相比于有的人，我们能较容易地找到各种各样的素食——为何我们还要吃动物呢？我曾经也是肉类爱好者。尽管如今素食花样繁多，也很美味，但我必须承认，吃素不可能与吃肉时的选择一样多。（食人族可能也觉得西方饮食少了很多乐趣。）我爱寿司，我爱炸鸡，我爱牛排。但我的爱有所节制。

在目睹工业化农场的现状之后，拒绝吃肉成了自然而然的选择。我反而很难想象，除了以此牟利者，还有谁会为工业化农场辩护。

但保罗·威利斯的养猪场和弗兰克·里斯的火鸡农场让这一问题更加复杂。我钦佩他们的作为，在工业化农场统治的时代，他们可以说是英雄。他们关心饲养的动物，尽可能地善待它们。如果消费者能将对猪肉和鸡肉的需求控制在土地允许的范围内（我对此深表怀疑），这类农场对环境的破坏也非常小。

然而，吃任何肉都是在直接或间接地扩大对肉类产品的需求，从而助长工业化农场的发展。这非同小可，但这还不是我不吃保罗·威利斯的猪肉或弗兰克·里斯的火鸡肉的原因——要写出下面的话十分困难，因为我已经和保罗、弗兰克成为朋友，我知道他们会读到。

尽管保罗尽其所能地照看那些猪，但它们仍然要经受阉割和长途运输的折磨，直至被屠宰。保罗曾经还会剪掉猪尾巴，直到尼曼农场公司派来动物福利专家黛安·哈弗森协助其工作。这说明即便最善良的农夫有时也无法顾全动物的福利。

还有屠宰场。弗兰克坦言很难找到他能接受的屠宰场，他一直在寻找更理想的选择。就猪屠宰场来说，"天堂"冷柜肉厂已经近似天堂。由于肉类行业的组织方式和美国农业部的规定，保罗和弗兰克必须将他们养殖的动物送去屠宰场，他们只有部分控制权。

所谓金无足赤，每家农场都有缺陷，都可能发生意外与故障。生活充满瑕疵，但有些问题比其他更重要。动物农场和屠宰场中何种程度的缺陷可以被忽略呢？对于保罗和弗兰克的农场，每个人的答案可能都不同。同样是我十分尊重的人，给出的答案也不尽一致。但对我和家人而言，以我现在对肉的了解，已经足以让我们放弃吃肉。

当然，或许有些情况下我仍会被迫吃肉——有些情况下甚至被迫吃狗——但这些都是极端情况。素食主义者是一个灵活的概念，我终于摆脱了关于是否要吃肉的纠结，下定决心不再吃肉（但谁也无法保证我会永远如此）。

我想起在柏林水族馆的卡夫卡，在决心不再吃肉后，他终于能够心安理得地看着那条鱼。卡夫卡将鱼视为"未知的家人"的一员——尽管并非完全等同，但是足以令他挂心。我在"天堂"冷柜肉厂也有类似体验。一头猪被送去屠宰间时盯着我看了几秒，让我措手不及，无法"心安理得"。（有谁在生命的尽头盯着你看过吗？）但我也不再彻底地感到羞愧。至少这头猪没有被我扔进"遗忘的容器"，我依然关心它。从中我得到了一点儿安慰，当时如此，现在也是如此。我的感受对那头猪而言当然无关紧要，但对我很重要。这是我考虑是否吃肉时的思路。单从我个人的角度来看——作为吃动物的，而不是被吃的动物——我无法故意地、刻意地去遗忘，否则我的内心无法再保持完整。

　　此外还有看得见的家人。在调查结束后，我极少有机会再直视任何一只农场动物的眼睛。但我在人生的每一天，都要很多次地，凝视我儿子的眼睛。

　　我觉得必须开始吃素，但这是我个人的决定，是基于我的生活环境，不一定适用于他人。而且我的很多理由放在 60 年前都无法成立，因为当时工业化动物养殖业尚未普及。如果我出生于另一个时代，或许也不会做出这样的决定。我拒绝吃肉不等于我反感或者反对所有人吃肉。就像反对父母打孩子并不是反对严格教育孩子。我决定以何种方式教育孩子，并不意味着我要强迫所有父母效仿我的做法。我只能为自己和家人做决定，不能为一个国家或全世界做决定。

　　不过，即便分享个人关于吃肉的看法很有意义，我写这本书也不仅仅是为了展示我做出这个决定的心路历程。农业不仅会受消费者的饮食习惯影响，也会受政治因素左右。因此只关注个人的饮食选择是不够的。那么我应当在何种程度上推行我的观点与决定呢？（我不会吃任何动物养殖业的产品，但我会坚定地支持保罗和弗兰克的农场。）我又如何面对其他人的选择呢？在吃肉与否这个话题上，我们应当期待他人做何回应呢？

显然，工业化农场的危害不仅与我个人有关，但我们要如何应对尚不明朗。工业化农场对动物的残忍和对环境的污染足以令每个人行动起来抵制肉类制品吗？是只要不买工业化农场的肉就行，还是说这并非改变个人消费选择就能解决的问题，而是必须通过立法与集体政治行动来解决？

对于有分歧的人，我能否请求他们从更深层的价值观来考虑我的观点？对于观点一致的人，我们是否在细节上仍有异议，以及我们应当如何行动起来？我不认为所有人都不该吃肉，或者肉类行业就无可救药。但在吃肉这件事上，我应当坚持怎样的立场才是道德的呢？

我
愿
意

在美国，被屠宰的供食用动物中只有不到 1% 来自家庭农场。[1]

1

比尔和妮可莱特

通往目的地的路没有任何标识，路牌被当地居民拔了个一干二净。"伯利纳斯不值得来，"一位居民接受《纽约时报》采访时说，"海滩很脏，消防部门很差劲，当地人非常不友好，看上去像要吃人。"[2]

不尽然。至少从旧金山开过来的近50千米沿海公路无比浪漫——既有一望无际的山顶风光，也有隐秘的天然海滩。到过伯利纳斯以后（人口2500人），我再也无法将布鲁克林（人口250万）视为理想的居住地，并且明白了为何那些偶然发现伯利纳斯的人不愿别人涉足此地。

因此我很惊讶，比尔·尼曼愿意邀请我来他家，尤其考虑到他的职业：经营养牛场。

首先迎接我的是一只青铜色的大丹犬，比我的乔治个头更大也更冷静。比尔和他的妻子妮可莱特随后迎上来。一番寒暄和客套后，他们把我带到山上一幢不起眼的房子里，就像一座藏在山间的修道院，这就是他们的家。长满苔藓的岩石竖立在缀着一簇簇鲜花和多肉植物的黑色土地上。明亮的门廊通向客厅，房间不大，但已是这幢房子里最大的一间。一张巨大的深色沙发朝向一座石头壁炉（沙发是用于休息而非娱乐），占据了这间房的大部分空间。架子上堆着各种书，有些与食物或农业有关，但大部分无关。我们在厨房里一张木制餐桌边坐下来，小小的空间里依然飘着早餐的味道。

"我父亲是俄罗斯移民，"比尔说道，"我在明尼阿波利斯长大，从小在家里的杂货店干活儿。那是我跟食品的渊源。全家人都在那儿干活儿。我从没想过会过上现在的生活。"言下之意：一个美国二代移民、来自大城市的犹太男孩，怎么会变成在全世界都有重要影响的养牛场的主人呢？这个有趣的问题有一个有趣的答案。

"当时每个人的生活都受到越战影响。我没有参军，而是服替代役，在联邦政府认定的贫困地区教书。我在那儿接触到农村生活，一下子着了迷。我跟当时的妻子一块儿建起了农场。"（比尔的第一任妻子艾米死于一次农场事故。）"我们搞到了一些土地，11亩。又搞来了羊、鸡和马。我们当时很穷。我妻子在一个大农场当家庭教师，农场把一些小母牛不小心生下来的牛犊给了我们。"这些本不该生下来的牛犊成为尼曼农场公司的基础。如今尼曼农场公司每年的收入约为1亿美元，并且在持续增长。

我访问他们家时，主要是妮可莱特在照顾他们的私人牧场。比尔忙于为公司旗下数百家小型家庭农场生产的牛肉和猪肉寻找销售渠道。妮可莱特曾经是一位光鲜的东海岸律师，现在的她认识农场里每一头母牛、公牛和牛犊，能够判断和满足它们的需求，身兼重任，但看上去游刃有余。古铜色皮肤、蓄着浓密小胡须的比尔看着更像农场的主角，却主要在做营销工作。

他们看上去不那么像一对。比尔给人一种粗犷、返璞归真之感。

如果飞机失事流落到一座荒岛上，他是那种会赢得所有幸存者的尊重并被推选为领袖的人。妮可莱特则是典型的城市人，健谈但很谨慎，充满活力，又忧心忡忡。比尔待人热情，但话不多，更喜欢倾听，这倒是正好，因为妮可莱特喜欢说话。

"比尔第一次约我吃饭时找了别的借口，"她说，"我以为那是一次工作会面。"

"你当时很怕我会发现你是一个素食主义者。"

"我倒不是害怕，但我跟动物农场主打了很多年交道，知道肉类行业视素食主义者为恐怖分子。要是在农村跟那些饲养动物的人说你不吃肉，气氛马上会变僵。他们怕你会指责他们，甚至惹是生非。我不是怕被你发现，只是不想让气氛变得充满火药味。"

"那是我们第一次一块儿吃饭——"

"我点了一份春蔬意面，比尔问：'啊，你是素食主义者吗？'我说是啊。他给了我一个意料之外的回答。"

2

我是一个素食主义牧场主 *

搬到伯利纳斯半年之后，我跟比尔说："我不想就这么住在这儿。我想知道牧场是怎么运作的，想参与管理。"我就这么参与了进来。最开始我有些紧张，怕我会对牧场心生反感，但事实恰好相反。我在这上面花的时间越多，与这些动物相处得越久，

---

* 本节为妮可莱特自述。

越了解它们的生活，就越发觉得这是一项光荣的事业。

我认为牧场主不能只满足于不让动物受折磨，我们应该让这些动物拥有最高质量的生活。我们要夺去它们的生命，至少应当让它们活着时享受一些基本的乐趣，比如晒太阳、交配、养育后代等。我觉得它们值得拥有快乐。我们的动物就是这样生活的！我觉得肉类行业"人道"标准最大的问题之一，就是他们只关注动物是否受到折磨。这点在我看来是天经地义的，任何农场都不应当让动物遭受不必要的折磨。你饲养的动物可是要献出它的生命，我们必须做得更好一点儿！

这不是什么新观点，也不是我个人的看法。从有动物养殖业开始，大部分农民都觉得要善待自己的动物。当今的问题是动物养殖业正在被所谓"动物科学"机构创造出来的工业化方式取代，或者说已经被工业化方式取代。在传统农场中，农民熟悉每一只动物，如今这种方式被彻底抛弃，取而代之的是毫无人情味的大型系统——在养着成千上万头猪或牛的封闭式养殖场里，你不可能分得清每一只动物。工业化农场经营者们忙着操心污水排放和自动设备，动物反而成了次要的。这完全改变了农业的概念和重点。牧场主对动物应负的责任被抛到一边，甚至被公然否认。

在我看来，动物是与人类达成了协议，或者说做了一笔交易。如果我们照规矩饲养动物，人类可以为动物提供比野外更好的生活，以及更好的死亡方式。这很重要。我有几次不小心忘了关门，没有一只动物跑出去。因为它们知道这里更安全，有优质的牧场、水和干草堆，没有意外。而且它们的朋友都在这儿。

从某个角度来说，是它们选择待在这儿。当然它们没有签合同。它们也没有计划自己的出生——这点我们也一样。

我觉得为了健康的食物而饲养动物是件了不起的事，只要给动物快乐、自由、不受折磨的一生。它们死得其所。我想这其实是我们所有人想要的：幸福的一生和无痛的死亡。

人类也是自然的一部分，这个理念很重要。我总是想学习自然界的模式。自然是不允许浪费的。即便一只动物没有被捕食者杀死，死后也会很快被别的动物吃掉。自然界中的动物无一例外会被其他动物吃掉，不是落入捕食者口中就是被食腐动物蚕食。有几次，我们甚至看到牧场的牛嚼鹿的骨头，它们可是严格意义上的草食动物。好些年前，一项美国地质学研究发现，鹿曾经大量吞食走禽在巢中下的蛋，这让研究人员都吓了一跳！自然比我们想象的更多变。吃其他动物不仅是正常的，也是自然的，既然人类也是自然的一部分，吃其他动物也是自然而然的事。

但这不意味着我们必须吃动物。我出于个人原因选择不吃肉。因为我一直对动物情有独钟。吃肉总是有些让我难以接受，会让我不舒服。对我来说，工业化农业的邪恶不在于它们生产肉制品，而在于他们剥夺了那些动物全部的快乐。打个比方，如果我偷了东西，良心上会感到不安，因为这是绝对错误的。吃肉并不是这种感觉。如果吃了肉我可能只是会有点儿抱歉。

我以前觉得，既然我吃素，就不用再关心农场动物的遭遇。我拒绝吃肉，就是尽了应尽的义务。但现在我觉得这个想法很傻。工业化农业对我们每个人都有影响，因为现在它就是我们这个社会最基本的食物生产模式。尽管我吃素，但我们国家饲养动物的方式仍然与我有关，尤其是如今全世界的肉类消费都在增长。

我有很多吃素的朋友和熟人，有些跟善待动物组织或农场动物庇护所有联系，他们很多人认为只有通过让人们放弃吃肉来解决工业化农业的问题。我觉得这不可能实现，至少在我们这一代不可能，很多代人以后还有可能。因此目前我们需要用别的方式来帮助那些饱受折磨的农场动物。我们应当宣传和支持工业化农场之外的选择。

好在未来还有希望。回归有人情味的传统农业将会成为潮流。这是集体的意愿——消费者、零售商和餐饮从业者的意愿，也是政治意愿。很多因素正聚到一起。其中一个就是善待动物的意识。我们买洗发水都要挑没有用动物实验的品牌，却从最残忍的工业系统买肉，越来越多人意识到这太讽刺了。

此外还有经济因素，燃料、农业化学品、饲料的价格都在上涨。工业化农场拿了几十年的农业补贴，现在不能继续指望补贴了，尤其是在经济危机的情况下。很多事情已经开始变化。

人类其实根本不用生产这么多肉。工业化农业的诞生和发展不是因为我们需要这么多食物或"让人不挨饿"，而是因为农产品公司想要这么多利润。工业化农业全是为了钱。食品工业的首要目的不是为人提供食物，所以这个模式已经开始出现问题，肯定不可能长久。美国主要的肉制品都来自少数几家大企业，还有人相信他们有牟利之外的目的吗？在其他行业，这可以是个正当的动机。但当你的原料是动物,你的工厂是自然环境,你的产品是给人吃的食物时,利害关系可就不同了,思维模式当然也要变化。

比方说,如果你的目的只是给人提供食物,就不会设计出无法生育后代的动物,只有不顾一切挣钱的人才做得出。我和比尔现在还养了一些火鸡,它们是土火鸡,跟 20 世纪初的家养火鸡是同一个品种。我们不得不找来那么久之前的火鸡的后代,因为现在的火鸡都没法走路,更别说自然繁殖和养育后代了。这就是对动物毫不关心,对人也满不在乎的体系的产物。如果真想可持续性地提供食物,根本不可能创造出工业化农业。

更荒唐的是,工业化农场对我们没有任何益处,却指望我们支持他们,甚至为他们的错误买单。他们将所有污染成本转嫁给了环境和附近的社区。他们的产品价格之所以那么低,是因为我们每个人都在承担暂时看不见的长期成本。

我们必须回归传统的畜牧业模式。这不是一个天马行空的念头,历史上有过先例。在 20 世纪中期工业化农场兴起之前,美国的动物养殖业都是靠草地,而不是依赖饲料、化学品和机械。牧场养殖不仅动物生活质量更高,也更环保,有利于可持续发展。这种模式在困难的经济环境中更能体现出优势。玉米价格上涨会改变我们的饮食。农场会让牛吃更多草,这本就符合它们的天性。另外工业化农场迟早要面对粪便处理的问题,不能一直将其危害转嫁给公众,这也会促使更多农户转向牧场养殖。这才是未来:真正具有可持续性的、人道的农业。

她有理 *

　　谢谢你跟我分享妮可莱特的想法。我在善待动物组织工作，而她在养牛场工作，但我视她为反抗工业化农场的战友，她也是我的朋友。她说到了善待动物的重要性和工业化农场廉价肉制品的问题，我同意她说的这一切。我也同意，如果你要吃肉，一定要选择牧场养殖的草饲肉，尤其是牛肉。但有一个问题我们无法回避：为什么一定要吃肉呢？

　　首先，我们来想想环境和食品资源危机：吃肉就像将大量食物扔进垃圾桶，因为动物只能将它们所消耗食物的一小部分转化成可供人类食用的肉类——一只动物要消耗 6 到 26 卡路里的热量，才能产生 1 卡路里的可食用肉。[3] 美国大部分农作物都被用来喂养动物——这些土地和食物本可以用来养活人类，或保持自然本来的面目——现在全世界都照此发展，后果不堪设想。

　　联合国食品问题特使说过，在超过 10 亿人仍在挨饿的情况下，将 1 亿吨谷物和玉米转化成乙醇的行为无异于犯了"反人类罪"**。[4] 那么每年消耗 7.56 亿吨谷物和玉米的动物养殖业该当何罪呢？[5] 这些粮食足以喂饱 14 亿生活极度贫困的人。[6] 除此之外，全球每年产的 2.25 亿吨大豆中的 98% 也用于饲养农场动物。[7] 吃肉是在支持最低效的产业，同时抬高了食品的价格，让最穷的人难以负担。即便你只吃尼曼农场公司的肉也是如此。促使我放弃吃肉的首要原因就是这个，不是环保，不是动物福利，而是

---

* 本节为善待动物组织成员布鲁斯·弗雷德里希自述。

** 美国有 40% 的玉米用于生产乙醇燃料，以降低对石油进口的依赖。

肉类行业的低效。

有的农场主会指出，有些地区不适宜种庄稼，但能够养牛，或者牛能给土地提供养分，而庄稼不行。这些论据只适用于发展中国家。在这个问题上最有发言权的是政府间气候变化专门委员会主席拉金德拉·帕乔里。他因为对气候变化的研究获得了诺贝尔奖。他认为，如果纯粹为环境考虑，发达国家居民都应该吃素。[8]

当然也有动物权益方面的考虑，我是善待动物组织成员，我们无须多高深的科学知识也知道，动物跟我们一样，都是由血肉和骨头组成。加拿大有个养猪的农夫杀了十几个女人，将尸体挂在平时挂猪肉的钩子上。接受审判时，他承认曾经把这些尸块拿给别人，那些人都以为自己在吃猪肉。他们无法分辨猪肉和人肉。这是当然。因为人和猪（以及鸡、牛，等等）在解剖学上的相似性远大于区别——尸体就是尸体，血肉就是血肉。

动物跟我们一样有五官感觉。而且越来越多研究表明，跟我们一样，它们也经过进化，有行为、心理和情感需求。其他动物与人类一样，能够感受愉悦与痛楚、幸福与悲惨。[9]动物与我们有很多共同的感情，这是得到科学证明的。[10]将动物复杂的感情和行为统称为"本能"是很愚蠢的，妮可莱特肯定也同意这点。在当今社会，刻意忽视这些相似性及其背后复杂的道德伦理，对我们来说是个容易的选择——这是最方便、最聪明也最常见的做法。但这是不对的。当然，仅仅分辨对错还不够，还需要行动。行动是道德认识的另一半，而且是更重要的那一半。

妮可莱特对动物的爱是不是一种高尚的情感呢？在她将动物看作一个个有生命的个体并且不愿伤害它们时，肯定是的。但当她给那些牛打烙印，把幼患从母亲身边夺走，甚至割断它们的喉咙时，我就很难理解。设想把她提出的吃肉的理由推广到狗、猫或人类身上呢？我们肯定不会赞同。她的观点其实很像（或者说本质上是一致的）那些宣扬善待奴隶而不是废除奴隶制的奴隶主。借用她的说法，我们应当强迫人当奴隶，然后给他"幸福的一生和无痛的死亡"。这种做法肯定比虐待奴隶好，但没有人会说这是理想的做法。

试想一下：你会不打麻药就给动物做阉割手术吗？你会把烙铁印在它们身上吗？你会割开它们的喉咙吗？你可以试着看看这些过程（你可以在网上搜视频《肉食的真相》）。大部分人都下不了手。很多人甚至看不下去。那你如何能花钱让其他人替你做这些事呢？你雇人虐待动物、雇人杀动物，为了什么？一件没人需要的产品——肉。

吃肉可能是"自然"的，绝大部分人都能接受，人类也的确这么做了很长时间，但这不是在道德上站得住脚的理由。事实上，人类社会的出现和道德的进步正是对"自然"的超越。丛林法则可能会让吃肉的人心里好受些，但它不是道德标准。

诺贝尔文学奖得主艾萨克·巴什维斯·辛格是从被纳粹占领的波兰逃出来的，他说物种歧视是"最极端的种族歧视理论"。辛格认为，倡导动物权益是最纯粹的社会正义运动，因为动物是所有受压迫者中最脆弱的。他认为虐待动物典型地体现了"强权即公理"的道德逻辑。[11] 我们为了自身肤浅的利益剥夺了动物最基本、最重要的权利，就因为我们有能力这么做。当然，人类不同于其他动物。但人类的独一无二不是让动物承受痛苦的理由。你想想：你吃鸡肉是因为你熟读所有关于它们的科研资料后认为它们的痛苦不值一提，还是因为你就是觉得鸡肉好吃？

伦理选择通常面临无法避免的严重的利益冲突。在这件事上，冲突的利益双方是：人类对美味的渴望，和一只动物不被割喉的权利。妮可莱特说他们给了动物"幸福的一生和无痛的死亡"。但那些动物的生活条件远不及我们家里的宠物。（那些动物的一生肯定比史密斯菲尔德农场的要好，但真谈得上幸福吗？）再说，即便是比尔和妮可莱特这样的农场，非育种动物最多能活到相当于人类的 12 岁，这算什么样的一生呢？

我同意妮可莱特说的，我们的饮食选择对其他人有重要影响。如果你吃素，就为素食主义贡献了一份力量。如果你影响到另一个人，你为素食主义做的贡献就翻了一倍。你还可以影响到更多人。无论你吃什么不吃什么，你的选择都会有重要的公共影响。

只要你吃肉（即便这些肉来自非工业化农场），那也是在鼓励他人吃工业化农场的肉制品。艾里克·施洛瑟[*]、迈克尔·波伦和尼曼农场公司的农民们，他们都是我的朋友，但我也要说他们都在为工业化农场送钱。[12] 在我看来，"道德地吃肉"是一种失败的理念，即便最激进的践行者也不可能百分之百地做到。

---

[*] 美国记者、作家，著有畅销书《快餐国家》等。

我见过很多被施洛瑟和波伦的观点感化的人，但没人能做到永远只吃尼曼农场公司的肉。他们要么吃素，要么不得不偶尔吃工业化农场的动物。

吃肉可以是道德的，这种说法很中听，似乎很包容，因为人就是希望自己想做的任何事都是道德的。因此这种说法很流行，即便妮可莱特这样的素食主义者也在为吃肉的人找借口，让他们忘了吃肉的道德矛盾。但在很多社会议题上，过去的"激进分子"已经慢慢变成了"保守派"，比如女权、民权、儿童权益，等等。（今天还有谁会遮遮掩掩地为奴隶制辩护呢？）在吃肉这件事上，指出显而易见的科学事实又有什么问题呢：其他动物与我们的共同点就是多于不同之处。就像英国生物学家理查德·道金斯说的，它们是我们的"近亲"。但即便向人指出"你在吃动物的尸体"也会被认为做过头了。可"你在吃尸体"就是事实。

指出我们不应该每天付钱请人烙伤动物、切掉它们的睾丸或割断它们的喉咙并不过分，也不是不宽容。我们应当面对现实：那块肉来自一只被烙伤、阉割再杀死的动物，绝大部分动物甚至还要遭受更多折磨，仅仅为了满足人类几分钟的愉悦。这值得吗？

他有理 *

我尊重那些拒绝吃肉的人，无论他们是出于何种理由。我跟妮可莱特初次约会，她说她是素食主义者时，我就是这么告

---

* 本节为比尔·尼曼自述。

诉她的。我说："很好，我尊重这点。"

我成年之后一直在尝试创造工业化农场的替代品，主要就是尼曼农场公司。20世纪下半叶兴起的很多当代工业化生产手段，彻底违背了动物养殖业和屠宰业应当遵循的基本价值，我完全同意这点。很多传统文化都认同动物值得我们尊重，我们必须以虔诚的方式对待它们的生命。正是出于这种共识，世界上各种古老的传统文化，比如犹太教、伊斯兰教和美国原住民文化，在对待与屠宰供食用的动物时都有专门的仪式和特定的方式。可惜工业化系统完全抛弃了尊重与善待动物的理念。所以我一直公开反对现代工业化农场的所作所为。

但我认为用传统、自然的方式饲养动物很好。几个月前我跟你聊天时说到过，我在明尼阿波利斯长大，父亲是一个俄罗斯犹太移民，他开了一家尼曼杂货店。这类商店最重要的服务是，你要叫得出每位顾客的名字，还有很多人打电话来买东西，我们就得送到他们的家门口。我当时还是小孩，就送过很多货。我还跟父亲一块儿去农贸市场进货，将货物摆上货架，把顾客买的商品装袋，等等。我母亲也在商店干活儿，她是一位特别棒的厨师，用商店里的原料几乎可以做出一切。对我们来说，食物是极其宝贵的，必须珍惜，不能浪费。不仅因为食物能为身体提供燃料，还因为大家聚在一起准备和享受美食的过程中，包含的时间、关爱和仪式感。

我在20来岁时搬到了伯利纳斯，买了一些地。我和已故的妻子将一大片地开垦成了菜园，我们种了果树，搞来了一些山羊、鸡和猪。生平第一次，我吃的大部分食物都是自己劳作的结果。

这特别让人有满足感。

也是在那时，我第一次体会到吃肉的复杂性。我们跟那些动物生活在一起，我认识它们每一只。因此杀掉它们是一件非常艰难而具体的事。我至今清楚地记得，杀了第一头猪后，我半夜躺在床上睡不着。我不知道自己是不是做错了，心里特别痛苦。但接下来的几个星期，我们和朋友、家人分享了那些猪肉，我意识到那头猪死得其所——为我们提供了美味、健康、营养的食物。于是我坚定地认为，只要我们坚持为动物提供优质、自然的生活，并且不让它们的死亡有任何恐惧和痛苦，饲养供食用的动物就是符合道德的。

动物性食物（包括奶制品和蛋）必然要剥夺动物的生命，当然了，绝大多数人无须面对这一令人不悦的事实。他们从餐馆或超市购买的都是已经烹饪好或切成块状的肉、鱼和奶酪，不容易联想到它们源自活生生的动物。他们一直与现实脱节。这就是问题所在。因此农业企业才能毫无阻碍地将传统畜牧业和养鸡业变成不健康、不人道的系统。很少有人见过工业化牛奶场、蛋鸡厂或养猪场里的情形，绝大部分消费者对工业化农场的生产方式一无所知。我相信绝大部分人要是知道了会觉得非常可怕。

从前美国人对食物的来源和制作方式都知根知底。公众的关注和熟悉程度确保了食物的生产方式会符合我们这个社会的价值观。工业化彻底割裂了这种联系，将我们抛进漠不关心的时代。现在的食品生产系统，尤其是那些封闭式动物农场，违背了美国基本的道德观。大部分美国人都认同，每只动物应当

188

享有免受折磨的一生和人道的死亡。这是美国价值体系的一部分。艾森豪威尔总统于 1958 年签署《人道屠宰法案》时曾说，从他收到的邮件来看，美国人唯一关心的事就是人道屠宰。

与此同时，全世界绝大部分人都认为吃肉并不违背道德。这既是文化传统，也符合自然规律。大部分人都是吃着肉和奶制品长大的，也会延续这一饮食文化模式。奴隶制的比喻不恰当。奴隶制虽然在某个时期和某些地区广为流传，但不是每个家庭每天都在重复的普遍现象，不像吃肉、鱼和奶制品那样一直是人类社会的一部分。

吃肉符合自然规律是因为自然界中绝大部分动物都会吃其他动物。这当然也包括人类和我们的祖先，他们 150 万年前就开始吃肉了。在世上绝大部分地区，吃肉都贯穿着动物和人类的历史，不仅是为了味觉的愉悦，更是作为生存的基础。

肉类的营养，以及自然界中吃肉的普遍性让我觉得吃肉是正当行为。有些人会反驳说，向自然界借鉴道德标准是错误的，毕竟野生动物中还存在强奸、食子等行为。但这种观点站不住脚，因为那些都是反常行为，并非大量存在的集体行为。用异常行为来判定什么是正常和恰当的显然不合适。自然生态系统中的常态蕴含着关于资源、秩序和稳定性的无穷智慧。而吃肉（一直）是自然界的常态之一。

姑且不论自然界常态如何，吃肉浪费资源所以人类不该吃肉的观点也经不起推敲。因为支持该观点的数据是来自集中圈养、喂食谷物和大豆的养殖方式，不适用于牧场饲养的草食动物，比如牛、山羊、绵羊和鹿。

康奈尔大学的大卫·比蒙特教授研究食物生产中的耗能，是这方面顶尖的专家。他并不推崇素食主义。他甚至指出："所有证据都表明，人类是杂食动物。"[13] 他经常提到畜牧业在世界食物生产中的重要地位。例如在论文《食物、能源和社会》中，他指出畜牧业"在为人类提供食物方面……扮演了重要角色"。他做了详细阐释："首先，畜牧业有效地将边际栖息地的牧草转换成了可供人类食用的食物。第二，畜群可作为储备食物资源。第三，在水资源不足、庄稼收成欠佳的年份，牛可以用于交换……"[14]

此外，断言动物养殖业危害环境，是因为没能从整体层面理解食物生产。犁地与种地更是在破坏环境。[15] 事实上，几百上千年来，放牧已经成为很多地区的生态系统中不可或缺的一部分。放牧动物能以最环保的方式维持草原和草地。

温德尔·贝瑞就生动地写到，那些将植物与动物一起培育的农场，生态最健康。它们以自然生态系统为蓝本，让植物和动物进行持续、复杂的相互作用。很多（可能是大多数）有机水果和蔬菜农场都用畜群和家禽的粪便作为肥料。

事实上，所有的食物生产都会在一定程度上改变环境。可持续农业的目标是尽可能地减少对环境的影响。以牧场为基础的农业，尤其是作为多样化农业的一部分时，是对环境破坏最小的食物生产方式，能够最大限度地减少对水和空气的污染、对土地的侵蚀和对野生动物的影响，同时还能让动物苗壮成长。培育这种农业系统将是我一生的事业，我为此而自豪。

3

大家都有理吗?

一方是善待动物组织的布鲁斯·弗雷德里希（即上文中回应妮可莱特的那位），一方是尼曼农场公司，他们代表了对动物养殖业的两种主流看法。这两种观点也是两种策略。布鲁斯倡导的是动物权利，比尔和妮可莱特倡导的则是动物福利。

从某个角度看，两种观点具有一致性：他们都希望减少暴力。（强调动物权利的观点认为动物不应为人所用，我们必须尽可能减少给动物造成的痛苦。）而两种立场最重要的区别——为什么我们选择其中一种而非另一种——在于认定哪种生活方式可以切实减少暴力。

弗兰克、保罗、比尔和妮可莱特这样的好农夫用心饲养一代又一代动物的故事，我遇见的动物权利倡导者都不愿花太多时间去反驳。与其说他们反感这种人道主义动物养殖业的理念，不如说他们觉得这种理念站不住脚。他们没法相信。站在动物权利倡导者的立场上，提倡动物福利的观点就像是建议我们剥夺儿童的基本法律权利，对奴役童工给予大量的财政支持，一边毫无负担地使用童工生产的商品，一边呼吁用温和的法律条款来保障儿童不被虐待。使用这个比喻不是说动物跟儿童在道德上是一个概念，而是因为两者都是弱者，如果没有他人的保护，他们都可能被最大限度地剥削。

当然，那些反对工业化农场但相信"人就是要吃肉"的人认为，素食主义者才是不切实际。可能有一小群人（甚至一大群人）想吃素，但大部分人还是会想吃肉，从来如此，永远如此，就是这样。往好了说，素食主义者善良但不现实，不那么客气地说，他们是感情用事的妄想症患者。

对于我们生活的世界与我们盘中的食物，不同的人当然会有不同观点，但这些观念上的差异在实际操作中会导致哪些差别呢？一家注重动物福利的高质量传统农场和一家倡导动物权利的蔬菜农场都是减少（无法根除）人类对动物施暴的方式。它们的价值观并不完全矛盾。双方有一致的出发点，只是实践的方式不同。它们反映了对人类天性的不同理解，但都强调同情心和谨慎。

两者都需要人们强烈的支持，对个人与社会有很高的要求。两者都需要人们去推广自己的理念，而不是只顾独自践行。这两种策略都认为仅仅改变自己的饮食是不够的，还需要让其他人加入进来。两者之间虽然有明显差异，但相比他们的共同点又是微不足道的，与那些维护工业化农场的立场更是天壤之别。

在决定吃素很久之后，我仍然不知道应当如何对待其他人的立场。其他立场是不是一定是错的呢？

4

我没法说这是错的

我和比尔、妮可莱特一同走在海边悬崖旁起伏的草坡上。在我们脚下，波浪拍在形如雕塑的岩石上。放牧的牛走进视野，一头接着一头，黑色身影倚着绿色的海，低着头，面部肌肉不断抽动，啃着草。没有人能否认，至少在此刻，这些牛的生活十分美好。

"吃你熟悉的动物是什么感觉呢？"我问。

比尔：这跟吃家养的宠物不一样。至少我感觉不同。一方面可能是因为我们养了很多，你不会把这群动物中的每一只都视作宠物……我不会因为要吃它们就对它们更好或更糟。

真的吗？他会给它的狗打烙印吗？

"那伤害它们的身体呢，比如说打烙印？"我问。

比尔：它们是很有价值的动物，管理它们有一套体系，今天看来可能过时了，也可能未必。这些动物被出售时身上必须打有烙印，要经过统一检查。另外，这样还能防止它被偷走。这是保护财产的措施。有些更好的方法现在还在探索阶段，如扫描视网膜或植入芯片等。我们现在用的是热烙铁，我们也试过冰烙铁，但两种方法都会让动物很疼。在找到更好的方法之前，我们还是得用热烙铁。

妮可莱特：打烙印是让我很不舒服的一件事。我们讨论了很多年……但偷牛的问题很严重。

科罗拉多州立大学的伯尼·罗林教授是享有国际声誉的动物福利专家，我问他怎么看待用烙印来防止牲口被偷的做法。

我来告诉你现在是怎么偷牛的：他们开一辆卡车，当场把偷来的牛杀了。你觉得打烙印有什么用吗？打烙印是文化习俗。这个习惯在家庭农场中流传了很多年，他们不想放弃。他们知道这会让动物很疼，但这是祖父、父亲留下的传统。我认识一位很好的农场主，他告诉我，他的孩子们连感恩节和圣诞节都不回家，但会回家来打烙印。[16]

在很多方面，尼曼农场公司都在推动当下农场范式的发展，其模式是可供其他农场立马照搬的典范。但追求即时复制也意味着中庸。打烙印就是一种妥协，这么做并非出于必要性、实用性或对产品味道的追求，而是对非理性、不必要的暴力传统的让步。

牛肉行业已然是肉类行业中最为人道的了，因此我希望没有这些丑陋的真相。尼曼农场公司遵循美国动物福利学会认定的标准——我要再次强调，这已经是行业内现行的最高动物福利标准，但这一标准仍允许去角芽（用热烙铁或烧碱去除牛犊的角芽）和阉割。另外，从动物福利角度看，还有一点不足，尼曼农场公司的牛最后几个月往往是在饲育场度过。尼曼农场公司的饲育场当然与工业化饲育场有所不同（规模更小，不使用药物，提供更好的饲料、更精心的照料，以及对每只动物的关注），但这些牛仍然要吃几个月难以消化的食物。当然，尼曼农场公司掺入的谷物远低于工业化农场标准，但仍是为了满足消费者对牛肉味道的偏好而牺牲了动物本能的需求。

> 比尔：现在对我来说最重要的是，我觉得我们真的能够改变人们的饮食习惯和动物吃东西的习惯。这需要很多人共同的努力。当我评价自己的人生时，我希望到最后我可以说，"我们创造了一个人人都能复制的模式"，即便别人抢占了我们的市场份额也没关系，至少我们实现了这一改变。

这是比尔的愿景，他把一生都押在了上面。妮可莱特是不是也一样呢？

"你为什么不吃肉？"我问，"我整个下午都在想这个问题。你一直说吃肉没什么不对，但显然对你个人来说它就是不对的。我只是问你个人这么做的原因。"

妮可莱特：我觉得在这件事上我有选择，我不愿意在良心上有负担。因为我对动物有深厚的感情。吃肉会让我不安。我会觉得不舒服。

"能说一说为什么你会那么觉得吗？"

妮可莱特：可能因为我觉得这没有必要。但我不觉得人们这么做是错的。我没法说这是错的。

比尔：就我的体验来说——可能很多敏感的农夫都有同感，屠宰会让你理解命运和权力。因为你结束了那只动物的生命。它本来还在活蹦乱跳，你知道那扇门一打开，它一走进去，一切就结束了。这是最让我痛苦的时刻，你看着它们排成一列等着走进屠宰场。我不知道要怎么解释这种感受。这是生与死的碰撞。这一刻你意识到："上帝，我真的要行使这个权力，将这个神奇的造物变成商品、变成食物吗？"

"你是怎么摆脱这种念头的呢？"

比尔：深呼吸。很多人以为见多了就会变容易。其实不会。

深呼吸？乍一听这是非常合情合理的反应，甚至有些浪漫色彩，也很坦诚：直面生与死、权力与命运的难题。

但深呼吸是不是一声放弃的叹息，一个假意的"稍后再想"的承诺？深呼吸是直面事实还是肤浅的逃避呢？再把气呼出来之后呢？只是把世上的污染吸入体内是不够的。不作回应也是一种回应——袖手旁观的人同样负有责任。在屠宰动物这件事上，高举投降的手与握着刀柄的手没有区别。

5

深呼吸

所有牛都会来到这个终点：杀戮间。供食用的牛踏上最终的旅程时仍处于青少年时期。在以前的美国牧场中，这些牛可以活到四五岁，如今它们只能活12到14个月。[17]我们对最终的成品再熟悉不过了（在我们的家中，在我们的嘴里，在孩子们的嘴里……），然而对于大多数人而言，屠宰的过程是隐形而无感的。

但牛在这个过程中会感受到明显的压力：科学家发现，牛在装车、运输和屠宰过程中，会分泌一系列压力激素。[18]如果屠宰过程不出差错的话，牛在最初的搬运阶段感受到的压力——即表现出的激素水平指数，比之后的运输和屠宰还高。[19]

我们能很容易地辨识出一只动物是否在遭受痛苦，但很难了解对于动物而言什么是好的生活，除非你熟知这个物种，甚至具体到一群或一只动物。在人类眼中，屠宰场大概是最丑陋的设施，但对于一辈子只与同伴打交道的牛群来说，奇怪、吵闹、粗暴的直立动物可能比精准控制的死亡更可怕。

在比尔的牧场散步时，我理解了其中的原因。当我站得远远地看放牧的牛群时，它们似乎根本意识不到我的存在。但要知道，牛的视角接近 360 度，对周边环境时刻保持着高度警惕。它们知道附近有哪些动物，会选出头领来保卫畜群。[20] 每当我走到离它们不到一只胳膊的距离时，就像越过了某条看不见的边界，牛群很快就跑开了。牛作为猎物，具有强烈的逃跑本能。[21] 人工搬运过程中的很多元素——捆绑、喊叫、揪尾巴、电击和拍打——足以吓坏它们。

无论如何，它们终会被装到卡车或火车上。它们有可能在车上度过 48 个小时，既没有水也没有食物，因此体重会减轻，并表现出脱水症状。[22] 它们还常常要经受酷热或严寒天气的考验。有些动物会在运输途中死去，或生重病以至于无法再供人类食用。

我被所有大型屠宰场拒之门外。外人想要进入屠牛场的唯一方法是做卧底，这不仅需要一年多的准备，还可能有生命危险。所以我只能转述其他见证人的描述和业界提供的数据。我想尽可能地让屠宰场的工人讲出他们真实的经历。

迈克尔·波伦在《杂食者的两难》中跟踪记录了他买下的一头工业化农场的牛，第 534 号。波伦生动、详细地讲述了牛的饲养过程，但对屠宰却一笔带过，站在安全抽象的距离之外讨论屠宰的伦理，显然是这趟目光犀利、富于启迪的旅程的败笔。

"屠宰，"波伦写道，"是他（534 号）一生中唯一一件我无法见证或了解的事，我只知道大致日期。对此我并不惊讶：人们对屠宰了解得越多，就越不想吃肉，肉类行业深知这一点。"[23] 一语中的。

　　然而，波伦接着写道："这并不是说屠宰过程就一定毫无人道，而是因为大多数人不愿想起肉究竟是什么，不愿了解盘中餐的历程。"[24] 这句话道出了一半的真相，但也是一种回避。波伦补充说："吃工业化农场的肉需要很大的勇气去逃避，或者忘记。"[25] 的确需要勇气，因为我们要忘记的不仅是动物死亡的事实，还有动物死亡的过程。

　　波伦等作家引起了大众对工业化农业的关注，这值得赞扬，但就连他们也常常矢口否认人类的残暴。B. R. 迈尔斯为《杂食者的两难》写了一篇尖锐而巧妙的评论，解释了这种广为接受的智识潮流：

> 　　技巧是这样的：与对方进行理性的辩论，直到被逼入死角，然后放弃理论并逃走，声称并非自己理亏，而是自己超越了理性。将自身观点与理性的矛盾升华为玄学，并表示与之共处的谦卑之心高于那些低等头脑廉价的自信。[26]

　　我再补充一条规则：绝对不要强调，我们面临的选择其实很简单，一方是残忍且破坏环境，另一方是不吃肉。

　　不难理解为何牛肉行业不让任何人接近屠宰场，哪怕是热心鼓吹吃肉的人也不行。即便大部分牛都能很快断气，但每天总有那么几头（十头？上百头？）是以最恐怖的方式死去。符合主流道德的肉类工业不是不可能（为动物提供幸福的一生和无痛的死亡，排放极少量污物），但肯定无法提供我们目前享受的如此廉价的肉。

　　大部分屠宰场中，牛会被带到滑槽，滑落到敲击箱中——通常是一个巨大的圆柱形容器，牛刚好能露出脑袋。负责击晕牛的工人将一把敲击枪放在牛的两只眼之间，把一根钢条打向牛的头骨，然后收回来，这通常会让牛不省人事甚至直接死亡。但有些牛只会经历一时的头晕，要么还有意识，要么在"处理"过程中醒过来。敲击枪的效果取决于其质量和平时的维护，以及工人的技术——软管上有小裂口或在压力尚未恢复的情况下提前开枪都会减小钢条射出的力道，只能重创动物头部，但动物依然意识清醒，万分痛苦。

有些屠宰场负责人不想让动物"死过头"，否则会心跳太慢、放血不足。（屠宰场希望能快速放血，一是保证效率，二是因为留在肉中的血液会滋生细菌，缩短肉的保质期。）因此，有些屠宰场会刻意使用效果欠佳的击晕方式，这也意味着更多动物需要经历多次敲击，或始终意识清醒，或者在"处理"过程中醒过来。[27]

我们不开玩笑，不回避，来看看这到底意味着什么：动物们在意识清醒的情况下被放血、剥皮和肢解。这样的事总在发生，业界和政府都心知肚明。很多屠宰场在被发现有此类行为时都声称，这在业内是常态，然后理直气壮地反问为什么偏偏指责他们。[28]

坦普·葛兰汀在1996年进行了一次全行业的审查，她发现大部分屠宰场都很难保证一击便让牛失去意识。[29] 对此，负责监督人道屠宰的联邦机构美国农业部做出的回应不是严格执行《人道屠宰法案》，而是修改政策，不再统计违反《人道屠宰法案》的案例，并从督察员的任务单上删除了有关人道屠宰的内容。[30] 现在，情况有了不少改善，[31] 葛兰汀认为这主要得益于快餐业（在成为动物权利保护组织的目标后）提出要加强监督，但总体情况依然不容乐观。根据葛兰汀最近的调查——调查数据主要来源于督察机构，1/4的屠牛场仍无法保证一次击晕牛。[32] 小型屠宰场则根本没有数据，专家估计情况普遍更糟。没有哪个角落是干净的。

排在屠宰间长队末尾的牛看上去还不明白是怎么回事，但在脑门上挨了一击之后，它们都知道该逃命了。一名工人回忆道："它们仰起头，四处张望，想找地方躲起来。它们已经挨了一击，不想再挨这么一下。"[33]

过去 100 年来，流水线的速度提高了 8 倍，而工人并未得到恰当的培训，加上噩梦般的工作环境，失误在所难免。[34]（屠宰场工人的受伤率居所有职业之首——每年 27%，他们每次轮班要杀多达2050 头牛，而且收入极低。[35]）

葛兰汀认为，普通人在这种非人道的环境中工作久了也会变成施虐狂。[36] 她指出了这一问题的普遍性，呼吁管理阶层提防。有时屠宰场甚至懒得击晕待宰的动物。有屠宰场工人（并非动物权益组织成员）偷偷录下了工作场景，寄给了《华盛顿邮报》。录像中，意识清醒的动物躺在屠宰线上，一根电棒发生故障，卡在一头公牛的嘴里。据《华盛顿邮报》报道，"超过 20 名工人签署了证词，称录像带上的违规行为司空见惯，监管人员对此也一清二楚。"[37] 在一份证词中，一名工人说道："我见过无数头牛醒着被屠宰……这些牛可以熬过整整 7 分钟都不死。我曾经剥过活牛的皮，从脖子那儿一直剥下来。"[38]而一旦工人将情况汇报给上级，汇报者很快就会被开除。

> 我回家时经常情绪低落……直接下楼去睡觉。冲着孩子们大吼什么的。有一次我情绪特别差——（我老婆）能感觉到。一头 3 岁的小母牛在屠宰过程中醒了过来。她肚子里有头幼崽，当时已经出来了一半。我知道她要死了，就把小牛拖了出来。我

的老板大发雷霆……他们管这种幼崽叫早产儿。他们用那些血做癌症研究。我老板想要那头小牛。他们一般会等母牛的肠子都掉出来以后，再把子宫切开，将幼崽取出来。你会看到一头牛挂在你面前，幼崽就在她身体里挣扎，想要出来……我老板想要那头小牛，但我把它送回了牲畜栏……（我去找了）工头、督察员和屠宰间主管，甚至还有公司的牛肉部门主管。有天我们在咖啡馆聊了很久这事。我气坏了，有时只想砸墙，因为他们什么也不做……我从没在待宰动物区见过（农业部）兽医。没人愿意去那儿。我以前是海豹突击队成员。那些血和肠子吓不到我。但我受不了这种不人道的行为。我受够了。[39]

在12秒以内，被击晕的牛——失去意识的、半清醒的、完全清醒或已经死亡的——会被移动到流水线的下一环"上脚镣"，工人会把铁链绑在牛的一条后腿上，然后把牛吊到空中。[40]

倒吊着在空中晃荡的牛接着被机器运送到"扎刀"处，工人会割断牛颈部的动脉和静脉。再接下来是"放血"处，让牛的血流尽。一头牛大约有25升血，所以这要花上一些时间。[41]切断流向大脑的血液会让动物最终死亡，但并不会立刻断气（这就是为什么这些动物必须处于无意识状态）。如果一只动物仍有部分意识或切割位置不当，会限制血液的流动，进一步延长这些动物的痛苦。"它们眨着眼，不停转动脖子，四处张望，像是在发狂。"一位工人回忆道。[42]

经过这一环节，牛多半已经断气，尸体（牛）接着来到"剥头皮"处——牛的皮被从头部剥下来。此时还有意识的牛很少，但仍有不少案例，在有些屠宰场甚至很常见，为此他们制定了专门的应对流程。

一位熟悉这一流程的工人说："很多时候，工人在剥牛的头皮时发现它还有意识，还会乱踢。有时他还没开始剥就看到牛在乱踢。这两种情况下，工人都应该把刀刺入牛的后脑勺，切断脊髓。"[43]

这会令动物无法动弹，但并不会失去意识。我不知道有多少动物会经历这一步，因为没人允许我进行调查。我们只知道这是现有屠宰流程无法避免的副产品，这种状况仍会不断发生。

在剥头皮之后，尸体（牛）来到"切腿"处，工人会切下牛腿的下半部分。"这时醒过来的牛，"一位工人说，"多半会发疯……工人不想等到有人来击晕这些牛再开始工作，他们会直接钳断牛腿的下半截。那些牛就跟疯了一样，到处狂踢。"[44]

接下来，牛会被彻底剥皮、摘除内脏、切成两半，最终变成我们头脑中牛肉的模样——挂在阴冷的冰柜中，一动不动。

6

提议

美国动物保护组织分为两派：为数不多但很团结的素食主义倡导者与主张"谨慎选择食物"的人，直到不久之前，这两派的立场还是不一致的。但工业化农场和工业化屠宰场的普及改变了这一点，缩小了善待动物组织等推广素食主义的机构与美国人道协会等关注动物福利的机构之间的分歧。

在我遇见的所有农场主中，弗兰克·里斯最特别。有两个原因，一是因为他是唯一一个没对自己农场中的动物实施残忍行为的农场主，他没有像保罗那样阉割动物，也不像比尔那样给动物打烙印。

在其他农场主说"我们为了生存下去必须如此"或"这是顾客的要求"时，弗兰克冒着巨大的风险（如果农场经营不下去，他连自己的房子都保不住）来改变顾客的饮食习惯（他的火鸡需要烹饪更长时间，但更美味，还可以用于其他菜肴和汤羹的调味。他会专门为顾客提供食谱，有时甚至亲自下厨示范，改变他们之前的烹饪方式）。这需要强烈的慈悯与极大的耐心。他的工作不仅具有道德意义，还有经济意义，因为他将培养出一代真正关心动物福利的杂食主义者。

原因之二是，弗兰克是唯一一位成功保留了"原生"基因的农场主（他是美国农业部认证的第一个，也是唯一一个能够在产品上使用"原生"标签的农场主）。他保存的传统基因异常重要，因为要改变目前的农场经营模式，最大的阻力就是养鸡场对工业化小鸡孵化场的依赖——后者几乎是眼下唯一的选择。而这些从工业化孵化场买来的鸡都无法自然繁殖，有各种先天性健康问题，这是改变它们的基因时造成的问题（我们吃的鸡和火鸡都是死因，育种时就没想让它们活到能繁衍后代那一天）。由于普通农民无法自己开办孵化厂，他们和他们的动物就这样被纳入工业化农场的体系。除了弗兰克以外，几乎所有小型养鸡场——即便是那些愿意花钱购买原生基因并关注动物福利的好农夫——都是依赖工业化孵化场每年邮寄过来的小鸡。你可以想象，邮寄小鸡的过程就可能给它们造成伤害，[45]它们的父母及祖辈生活的条件更是严重有悖于动物福利。[46]不得不依赖这些极其恶劣的孵化场，是很多优质小农场的"阿喀琉斯之踵"。正因如此，弗兰克保存的传统基因及其育种技术让他有了创造新型养鸡场的可能，这是别人无法做到的。

但跟很多拥有丰富传统农业知识的农民一样，如果没有他人的帮助，弗兰克也无法发挥出全部的潜力。人品、技术和基因不足以创造出一家成功的农场。在我遇见弗兰克时，他的火鸡（现在他也养了鸡）广受欢迎——在屠宰前6个月就可能被抢光。他最主要的客户群体是蓝领工人，但丹·巴伯尔、马雷欧·巴塔利、玛莎·斯图尔特等名厨和美食家也对他的火鸡大为赞赏。然而，弗兰克其实一直在亏本，要靠做其他工作来补贴农场。

　　弗兰克有自己的小鸡孵化场，但他仍然要依靠其他机构，尤其是运作得当的屠宰场。不仅是孵化场，屠宰场、称重站、谷仓等农业设施都在减少，这让动物养殖场的发展阻力重重。不是消费者不愿买小型农场饲养的动物，而是这些农场无法以理想的方式运行，除非彻底重建现在遭到严重破坏的农业基础设施。

　　在书稿写到一半时，我给弗兰克打了个电话，我不时需要请教他一些有关鸡肉行业的问题（很多业内人士也会向他咨询）。他平时温和、耐心、淡定的语气不见了，取而代之的是惊慌失措。因为他好不容易找到的唯一一家满足人道屠宰标准（尽管也不是完全理想）的屠宰场，已经经营了一百多年，现在却被一家工业化企业收购并关闭了。这不是方便与否的问题，而是整个地区都没有任何一家能够在感恩节前屠宰他的火鸡的机构。弗兰克可能要蒙受严重的经济损失，最糟的是，他可能不得不把火鸡送去没有得到美国农业部有机认证的屠宰场，这样的火鸡可能无法顺利出售，只能慢慢坏掉。

　　这家屠宰场关门并非偶然。在美国各地，小型养鸡场所依赖的基础设施都在一步步被摧毁。垄断资源是追逐利润的企业排挤竞争者的常规手段。这里面包含巨大的经济利益：数十亿美元的生意，要么由上万家小型农场来平分，要么落入少数几家特大企业之手。但弗兰克这类农场的成败，其意义还不仅仅是经济上的。与之利害攸关的，还有经过几代人努力才建立起来的道德遗产的未来，还有"美国农民"和"美国农村价值观"的内涵——这些理念的践行影响极为深远。政府每年数十亿美元的农业拨款，塑造美国土壤、空气与水域面貌的地方农业政策，影响饥荒和气候变化等全球性议题的外交政策，这些都是借由农民以及引领他们的价值观实现的。然而，现在农民已不复存在，只有企业。而且不是单纯的商业巨头（仍可能拥有良知的那种），而是以追求利润最大化为已任的大型企业。为了美化公共形象以促进销售，他们往往将自身塑造成弗兰克·里斯，而事实上正是他们把真正的弗兰克·里斯逼入绝境。

唯一的出路是由小型农场及其支持者——可持续发展和动物福利倡导者——来继承这一遗产。他们中只有少数是真正的农民，但借用温德尔·贝瑞的说法，我们都在通过代理参与农业。[47]问题在于我们选择谁来代理。前一个版本中，我们将自己的价值观与金钱交给机械化农业系统，这是少数人为追求巨额个人利益而创造的，而且他们仅能有限地控制自己创造出来的庞大怪物。在后一个版本中，我们选择的代理人是真正的农民，以及致力于守护文明底线而非企业底线的专家——例如"农业前沿"组织的创始人阿伦·格罗斯博士。这家倡导可持续农业和农场动物福利的非营利组织致力于开辟新的道路，创造出反映多元价值观的食品生产体系。

工业化农场成功地割裂了大众与其食物来源的联系，消灭了传统的农民，用企业模式统治了农业。但像弗兰克这样的农民及其长期同盟，例如美国家畜品种保护委员会[48]、"农业前沿"等新兴组织也正联合起来，并影响到大批热心公众，既包括活跃的素食主义者，也包括谨慎的杂食者：他们中有学生、科学家、学者；有父母、艺术家、宗教领袖；也有律师、厨师、商人、农民。如果弗兰克不用耗费时间来寻找屠宰场，他或许能花更多精力与这些新盟友合作，结合最先进的科技与传统的农业知识，创造出一种更人道、更具可持续性、也更民主的农业体系。

我是素食主义者，我建了一家屠宰场 *

我当了半辈子的素食主义者了，促使我吃素的原因很多，比如可持续性和劳动力问题，以及个人和公众健康，但最主要的还是因为动物。因此所有了解我的人听说我在设计一家屠宰场时都很惊讶。

我经常倡导素食，我认为尽可能地少吃，最好不吃动物制品，是解决上述问题的有效途径。但我认为首要任务已经发生了变化，我对自己的认识也变了。我原先认为成为素食主义者是一种反主流文化的先锋态度。但现在我看清了，那些让我决定吃素的理念其实来自我的家庭背景——小型农户。

如果你从小被灌输了饲养动物的传统伦理，又了解如今的工业化农场，内心很难不对动物养殖业的发展趋势产生抵触。我说的可不是圣人的伦理，而是允许阉割、打烙印、杀弱小幼崽、把视你为主人的动物的喉咙割断，即传统农场伦理。传统方式不乏暴力，但仍有同情心，很多时候人们都忘了这点，或

---

* 本节为"农业前沿"组织的创始人阿伦·格罗斯自述。

许这是必然的。如今好农场的概念被彻底颠覆了。农民不再关心照顾动物，相反一听到动物福利这个话题就条件反射般回答："没人是因为恨动物才干这一行的。"这个答案很有趣，言下之意是，他们之所以饲养动物是因为喜欢动物，乐意为它们提供照料和保护。这其中当然有明显的矛盾，但也有几分实情。同时这句话也是一种无言的道歉。不然他们为何要辩解自己不恨动物呢？

可惜的是，如今的动物养殖业与传统农村的价值观越来越背道而驰。尽管他们自己可能没意识到，但很多城市里的动物权益保护组织继承了历史视角，反而更接近传统农村的价值观，比如尊重邻居、直率、善用土地资源，以及尊重被托付于你的生命。世界变化太快，同一套价值观如今可能导向不同的选择。

我很看好具有可持续性的草饲牛牧场，一些小型家庭养猪场也焕发了新的活力，但我一度放弃了对养鸡场的希望，直到我遇到了弗兰克和他了不起的农场。只有弗兰克以及从他那儿分到鸡的农民有可能创造出从根源上焕然一新的养鸡场——原生基因是必需的。

我向弗兰克了解了他面临的难题，其中很大一部分源自缺少大量的现金流。其实他的产品常常供不应求——这是每个企业家的梦想。弗兰克常常要拒绝大量订单，因为他没有能力来养更多的鸡。我创建的"农业前沿"组织想帮他制订一份商业计划。几个月后，我和我们的负责人一块儿把第一位投资人带去见了弗兰克。

然后我们开始动员各个圈子里欣赏弗兰克理念的人——记者、学者、美食家、政治家等，借助他们的力量来推动计划的实施。扩张计划已经逐步展开。现在，除了火鸡外，弗兰克还养了好几种原生土鸡。他需要的新设施也已经开始建设，这只是一系列建筑中的第一栋。他跟一家大型零售商签下了一笔大合同。就在那会儿，他平时用的屠宰场被关掉了。

　　我们其实预见到了这点。但从弗兰克那儿买他培育的小鸡的农民很紧张，因为他们有可能损失一年的收入。弗兰克认为，唯一的长期解决方案就是建一座自己的屠宰场，最好是能方便地在不同农场间移动的流动式屠宰场，这样还能减轻运输压力。这显然有道理。所以我们开始琢磨这么做的方法和需要的资金。在知识上和情感上，这对我来说都是一个全新的领域。我以为我会需要不断说服自己来克服对杀动物的抵触。但现在我反而为没有足够的抵触情绪而不安。我总在问自己，为什么我不觉得难受呢？

　　我的外祖父本想一辈子务农，可惜像很多人一样被挤出了这个行业。但我妈妈是在农场长大的。他们住在中西部一座小城，高中一届毕业生只有40人。外祖父有一阵养了猪。他会阉割它们，还建了一些围栏，有点儿现代养猪场的苗头。但他会善待这些动物，如果有哪只病了，他会花格外的精力来照看。他不会掏出计算器来算让这只动物死了是不是更划算。这种想法在他看来有违信仰，是懦弱、不厚道的行为。

　　关怀比算计重要，这就是我为什么选择吃素。也是我为什么会帮忙建一家屠宰场。这并不矛盾，也不荒唐。正是让我拒绝肉、蛋、奶制品的价值观，促使我帮弗兰克建一座自己的屠宰场，让其他农场也能效仿。如果不能打败敌人就加入他们？这显然不是我这么做的原因。我们要辨识谁是真正的敌人。

7

我的选择

在研究动物养殖业 3 年之后，我的想法在两个方面变得更坚定。首先我从摇摆不定的杂食主义者变成了坚定的素食主义者。现在我很难想象自己之前的犹豫。我完全不想与工业化农场有任何关系，而拒绝吃肉是唯一的现实途径。

但与此同时，小型可持续性农场让动物度过幸福的一生（就像我们的狗和猫），走向无痛的死亡（就像宠物重病时我们不得不做的），这样的理念也令我动容。保罗、比尔、妮可莱特，还有最重要的弗兰克，他们不仅善良，还很了不起。他们才是总统挑选美国农业部部长时应当咨询的人。他们的农场是官员们应当尽力创造与支持的典范。

这些采取折中策略的人，被肉类行业抹黑为不敢公开表明立场的激进素食主义者。可素食主义者也会经营牧场，素食主义者也会设计屠宰场，我这个素食主义者也愿意支持高质量的动物养殖业。

我对弗兰克的农场绝对有信心，但效仿他的农民我能否信任呢？我要如何确信呢？与吃素相比，谨慎选择肉食的想法是不是过于"天真"了呢？

一方面承诺对饲养的动物尽职尽责，一方面只是为了到头来杀了它们，这能够轻易做到吗？马琳·哈弗森生动地阐述了这些农民的困境：

> 农民与农场动物的伦理关系十分独特。农民饲养的这些动物注定要被宰杀，成为人们的盘中餐，或是在一生不断地生育后死亡。他们不能对这些动物产生感情，但也不能过于冷漠，忽视它们恰当的生活需求。他们必须将饲养动物视为商业行为，但又不能将这些动物视作纯粹的商品。[49]

这是不是对农民要求太高了呢？在工业化时代，吃肉是否必然与对动物的同情心不相容，或至少让人想逃避对动物的同情，或者一想到这些就沮丧呢？当下的农业不得不让我们心存怀疑，但没人知道未来的农场会是什么样。

只有一点是肯定的，现在为我们提供肉的动物，全都会受到折磨，只是多（鸡、火鸡、鱼和猪）或少（牛）的问题。为什么我们必须在吃肉和善待动物之间做选择呢？是什么让我们屈服于这种功利的算计？我们何时才能拒绝这种荒唐的选择，转而坚定地指出：现状令人无法接受？

要面对怎样的灾难，我们才愿意改变自己的饮食习惯？如果几十亿动物悲惨的生活与恐怖的死亡不足以令我们改变，还有什么会呢？如果地球面临的最大威胁（全球气候变化）的首要诱因还不够，那要什么才够呢？如果你只想逃避这些对良心的拷问，拖延到以后再说，那么究竟要到什么时候呢？

工业化农场之所以能够取代传统农场，与我们将少数种族或女性视为二等公民出于同一个原因。因为我想要这么做，并且能够这么做，我们对待动物正是如此。（还有人会否定这点吗？）动物的同意神话不过是我们为吃肉而讲述的故事，如果我们正视现实，这个故事还能否站得住脚？

不能。这个故事不再可信。它说服不了任何不想吃动物的人。说到底，工业化农场在乎的不是养活多少人，而是挣多少钱。除非有法律或经济的巨变，他们必将如此。无论用动物的生命换取食物是否道德，至少应该仁慈地对待它们的死亡，而我们知道，在当今的主流体系中，动物的死亡过程往往备受折磨。这是为何弗兰克——你能想象的最善良的农民——在将他的动物送去屠宰时会道歉。他无法找到满意的方案，只能做出妥协。

最近尼曼农场公司发生了一件好笑的事。就在本书送去印刷之前，比尔被挤出了这家挂着他名字的公司。据他说，董事会因为与他的理念有分歧，强迫他退出，他们想要追求更高的利润，不愿像他那么强调伦理。听上去这家美国最了不起的全国性肉制品供应商也屈服了。我花大量笔墨写尼曼农场公司，就是因为这是杂食者目前最佳的选择。现在我——或者说我们——该做何感想呢？

眼下，尼曼农场仍是唯一一个极大提高了农场动物（尤其是猪）生活质量的全国性品牌。但帮这些人挣钱真的好吗？动物养殖业已经成了一个笑话，最好笑的大概是：比尔·尼曼说他再也不吃尼曼农场公司的牛肉了。

我选择了吃素，但我依然尊重弗兰克这样致力于人道动物养殖业的人，也愿意支持他们的农场。这不是一个复杂的立场，也不是隐秘的素食主义宣传。我倡导吃素，同时也倡导更好的动物养殖业，让杂食主义者有更体面的选择。

我们无法根除暴力，但我们能够选择我们的食物是来自丰收还是屠宰、耕种还是战争。我们选择了屠宰。我们选择了战争。这才是吃动物背后真正的故事。

我们能否开始讲一个新的故事呢？

第一个感恩节

结局会是什么样?

1

童年的最后一个感恩节

小时候，我们一直在舅舅舅妈家庆祝感恩节。舅舅比我妈年龄小，是他们家族第一个出生在大西洋这一侧的人。舅妈的祖辈可以追溯到"五月花"号。正是这些大相径庭的历史结合在一起，使感恩节成为最独特、最难忘的美国节日。

我们一般在下午两点到他们家。几个表兄弟会在前院的斜坡上玩橄榄球，我弟弟总是不小心受伤，我们便转移至阁楼，用游戏机接着玩橄榄球。两层楼之下，他们的狗马维里克正对着烤箱流口水，爸爸聊着政治与胆固醇，没人看的电视里，底特律雄狮队正在尽情挥洒汗水，外婆被家人围绕，思绪飘到逝去的亲人那里。

四张高矮、宽窄不一的桌子被拼到一块儿，盖上相似样式的桌布，桌子四周围着20多张各式各样的椅子。我们当然知道这样的布置并不完美。舅妈在每个盘子里都放了一小堆玉米粒，吃饭时我们会将它们挪到桌上，象征我们的感激之情。菜一道接一道；时而以顺时针、时而以逆时针、时而以Z字形传递：红薯砂锅、小面包卷、杏仁四季豆、蔓越莓酱、白薯、黄油土豆泥、外婆做的库格尔[*]——水平十分不稳定——还有腌小黄瓜、橄榄和蘑菇，以及一只大到夸张的烤火鸡。我们天南海北地闲聊：从巴尔的摩金莺队、华盛顿红人队^{**}到社区的变化，从个人的成就到他人的苦恼（我们从不谈论自己的苦恼），外婆则挨个问孙辈要不要吃东西，确保没人挨饿。

感恩节可以包容其他所有节日。从马丁·路德·金日、植树节、圣诞节到情人节，都是表达某种特定的感激之情。感恩节没有规定具体的感恩对象。我们不是在纪念前辈移民，而是纪念他们当年所感激之事。（直到 19 世纪末，这个节日才有与之相关的特点。）感恩节是一个美国节日，但并没有特殊的美国元素——我们不是在赞美美国，而是赞美美国人的理念。这个节日极具开放性，适于任何想要表达感激之情的人，超越了美国诞生时的罪恶，以及后来被强加到它头上的商业化、媚俗和沙文主义。

感恩节大餐也是我们心目中美食的典范，恨不得顿顿如此。当然，大多数人都没法（也不愿）每天都花上一整天做饭，而且天天这么吃，估计得减寿。此外，谁真的愿意每天晚上都跟这么一大家子一块儿吃饭呢？（反正对我来说是个挑战。）但精心烹制的食物总是好的。我们每年要吃上千顿饭，感恩节大餐是美国人最认真对待的一顿。我们希望它是健康丰盛的一餐，从原料、烹饪、摆盘到食用都要尽善尽美。它比任何一顿饭都更能反映好的饮食与好的理念。

感恩节火鸡则比其他食物更能体现吃动物的矛盾性：我们对火鸡的所作所为正体现了人类一直以来对动物的伤害。然而我们从它们

---

[*] kugel，传统犹太食品，用鸡蛋面或土豆做的砂锅。
^{**} 金莺队为美国职业棒球大联盟球队，红人队为美国职业橄榄球大联盟球队。

的尸体引申出了如此美好、正确的意义。感恩节火鸡象征了两种相互矛盾的本能——记忆与遗忘。

写这最后一章时，离感恩节只有几天了。现在我住在纽约，偶尔——至少外婆这么认为——才回华盛顿特区。当年的孩子们都不再年轻。堆过玉米粒的人有些已不在人世，同时也有新的家庭成员加入。（我变成了我们。）我们在生日派对上玩过的抢座位游戏就像是这一切始与终的演习。

这将是我们第一次在我家庆祝感恩节，第一次由我来准备食物，也是我儿子第一次能够分享大人的食物。如果将这整本书浓缩成一个问题——不过于简化或复杂化，也不含恶意，而是一个充分体现吃动物与否的两难问题——大概就是：感恩节是否应当吃火鸡？

2

火鸡与感恩节有何关系？

火鸡为感恩节大餐增添了什么意义？或许是美味，但味道不是主要原因——大部分人平时都不会吃火鸡。（感恩节占了全年火鸡销量的18%）。再说，尽管我们总是借此机会大快朵颐，感恩节其实与贪吃毫无关系，甚至是其反面。

火鸡之所以要出现在餐桌上，是因为这是节日传统——这是我们庆祝感恩节的方式。为什么呢？因为前辈移民第一次庆祝感恩节时吃了火鸡吗？事实上他们很可能并没有吃。我们知道，他们当时没吃玉米、苹果、土豆或蔓越莓。关于传奇的普利茅斯感恩节[*]只有两份文字记录，其中提到的食物是鹿肉和野禽。[1]他们当然有可能吃了野生火鸡，但直到19世纪，火鸡都并非感恩节的必需元素。[2]英美历史学家通常认为，1621年在普利茅斯的庆祝活动是感恩节的起源，但现在历史学家发现，在那之前的半个世纪就有类似的庆祝活动了。当时，生活在今佛罗里达一带的早期美国定居者就与蒂穆夸印第安人庆祝过感恩节，有证据表明这些美国定居者是天主教徒而非新教徒，说西班牙语而非英语。[3]他们的食物是豆子汤。[4]

就算前辈移民真的发明了感恩节并吃了火鸡，他们做的很多事我们也不再效仿（与此同时，我们会做很多他们没做过的事），并且我们今天吃的火鸡与他们当年吃的火鸡，差别就像真火鸡与素火鸡一样大。如今，躺在我们的感恩节餐桌中央的，是一只在送往屠宰场之前从未呼吸过新鲜空气、从未见过蓝天的动物。在我们的餐叉之下的是一只无法自然繁殖的动物。在我们的肚子里的是一只腹中填满抗生素的动物。我们吃的火鸡，基因与早期的火鸡截然不同。如果前辈移民能够看到未来，他们会对这样的火鸡做何感想呢？不夸张地说，他们可能根本认不出来这是一只火鸡。

如果没有火鸡会发生什么呢？如果把火鸡换成红薯砂锅、小面包卷、杏仁四季豆、蔓越莓酱、白薯、黄油土豆泥、南瓜或美国山核桃派，是破坏传统吗？或许我们还可以加入蒂穆夸豆子汤。不难想象我们与家人围桌而坐，欢声笑语，香味扑鼻，没有火鸡。这样的节日就没有意义吗？感恩节就不是感恩节了吗？

---

[*] 1620年，英国清教徒搭乘"五月花"号抵达美洲大陆今普利茅斯地区。第二年秋天，他们举办盛宴庆祝丰收，感谢上帝的恩赐和当地印第安人的帮助，是为感恩节的起源。

或者，我们可以赋予感恩节新的意义？不吃火鸡不正是表达我们感激之情的一种积极方式？试着想象围绕这个话题展开的讨论，这就是我们家的庆祝方式。这种探讨会令人扫兴还是富于启迪？能传递出更多还是更少的价值？吃不到某种动物会影响我们的快乐吗？或许多年之后，家人们在感恩节上不会再讨论"为什么我们不吃这个"，而是"他们当年为何会吃这个"。借用卡夫卡的话，后代的注视能否令我们不再沉湎于遗忘呢？

工业化农场的神话已经开始坍塌。我花了 3 年时间写这本书，在这期间，第一次有文件指出畜牧业是全球气候变化的首要原因；[5]第一次有大型研究机构（皮尤委员会）建议逐步淘汰多层集中圈养系统；[6]第一次有州立法机构（科罗拉多州）将工业化农场的常见操作（母猪笼和小牛笼）判为非法，而且这是与业界谈判的结果；[7]第一次有连锁超市（全食超市）承诺将系统而全面地采购获得动物福利认证的产品；[8]第一次有全国性报刊（《纽约时报》）的社论批评工业化农场，指出"动物养殖已经变成了动物虐待""粪便变成了有毒污染"。[9]

当塞利娅·斯蒂尔饲养第一批圈养小鸡时，她不可能预见到后来的结果。1946 年，当查尔斯·凡特雷斯把红色科尼什鸡和新汉夏鸡杂交，培育出后来成为工业化鸡祖先的"明日之鸡"时，他一定想不到这意味着什么。

我们并非无知，只是冷漠。现在我们掌握了更多信息，有幸看到对工业化农业的公开批评，我们也必须担负起相应的责任。我们将要面对这个问题：在了解吃动物的真相之后，你做了什么？

3

关于吃肉的真相

2000 年以来——在坦普·葛兰汀报告屠宰场的条件有所改善以后——仍不时爆出屠宰场工人用球棒打小火鸡、踩踏小鸡、用金属管打猪，以及故意屠宰意识清醒的牛等行为。[10] 无须动物保护组织的秘密录像，我们也能想象这些丰富多样的残暴行为。我从屠宰场工人那儿听来的事可以写一整本书——一本残暴百科全书。

盖尔·埃斯尼茨的《屠宰场》几乎就是这样一本书。她花了 10 年时间调查，进行了大量采访，她采访的工人在屠宰场工作的时间加起来超过 200 万小时。这是关于这个主题最为全面的一本新闻调查。

> 有天敲击枪坏了，他们就用刀割开牛的后颈，本来站着的牛一头栽倒，浑身颤抖。他们会用刀刺牛的屁股，让它们挪动。有时是折断它们的尾巴。他们打得可狠了……牛会伸出舌头哀号。[11]

> 这话很难说出口。我一直处在压力之下，曾用（电）棒戳它们的眼睛，让它们动不了。我知道这听上去坏透了。[12]

> 有人说血腥味会让人变得暴力。的确是的。我会开始想，如果那头猪踢我，我也要报复回去。我已经要杀了那头猪，但好像这还不够。必须让它受罪……我使劲弄坏它的气管，让它被自己的血呛死。切开它的鼻子。活着的猪会到处乱跑。它有时会停下来看着我，我就站在那儿，用刀——天啊——挖出它的眼睛。它会惨叫。有次我拿刀切下了一头猪的鼻子，就像切一片博洛尼亚大红肠。那头猪有几秒跟疯了似的。然后一动不

动地站在那儿，像傻掉了。我拿了一把盐抹到它的鼻子上，这下它真的疯了，用鼻子四处乱撞。我手上还剩了一点儿盐——我戴着橡胶手套——就顺手把盐塞进它的屁股。那头可怜的猪不知该把它们拉出来还是甩出来……我不是唯一一个这么干的。我知道有人把猪赶进烫脱池。每个人——司机、屠宰工、维修工——都用金属管打猪。我见过的每个人都是如此。[13]

以上只是埃斯尼茨收集的众多令人不安的采访中的几段。这些行为从未被业界禁止，十分普遍。

源源不断的秘密调查揭露了这些被人权观察组织称为"有组织地违反人权"的工作环境，农场工人经常冲家畜发泄不满，或是听从上级命令，不惜一切代价维持屠宰线的运转。[14]有些工人可能是名副其实的虐待狂。但我遇到的并非如此。我遇到的几十个工人都是聪明诚实的好人，在难以想象的糟糕环境中尽己所能做到最好。问题在于肉类行业把动物与人都当作机器来对待。一位工人如是说：

比身体伤害更糟的是情感折磨。在屠宰间工作一段时间后，我必须变得对杀生麻木不仁。看着跟自己一块儿走向血坑的猪的眼睛，我心想这动物长得真不赖，甚至想摸它。有的猪走进屠宰间后像小狗那样用鼻子蹭我。但两分钟后我要杀了它们，用管子将它们打死……我之前负责取内脏，我跟自己说，我是在一条生产线上，干着养活别人的工作。但在屠宰间，我不是在养活别人，我是在杀死动物。[15]

这些现象要有多常见，才会令一个有良知的人无法忽视呢？如果每一千只动物中有一只遭受了这些折磨，你会继续吃动物吗？如果是每一百只中有一只呢？每十只中就有一只呢？迈克尔·波伦在《杂食者的两难》的结尾写道："必须承认，我有那么一点儿羡慕素食主义者清白的良心……但我也有那么一点儿可怜他们。天真的梦想就是这样；他们往往要否认现实，从而生出一种自大。"[16] 他说的没错，有些感受会让我们产生傲慢情绪，与现实脱节。但追逐天真梦想的人真值得可怜吗？这件事上又是谁在否认现实呢？

坦普·葛兰汀最开始统计屠宰场虐待行为的规模时，她走访了美国多家屠宰场，她的报告称其中32%的屠宰场有"常见故意的残忍行为"。[17] 这个数字我读了三遍才敢相信。"故意"的虐待很"常见"，且是她亲眼所见。这还是督察员做了事先通知的访问——屠宰场有足够的时间掩盖最糟糕的问题。还有什么不为人知的残忍行径呢？还有哪些不常见的事故呢？

葛兰汀强调，随着越来越多零售商要求加强监督，屠宰场的情况有所改善，但改善了多少呢？葛兰汀发现，在美国国家鸡肉委员会执行的督察中，26%的屠宰场有严重的虐待动物行为，根本不应予以通过。[18]（令人不安的是业界本身认为督察结果毫无问题，将鸡活活扔进垃圾堆或烫脱池的工厂也能一律过关。[19]）葛兰汀最近对屠牛厂的调查结果是，25%的屠宰场虐待行为过于严重，无法通过督察（她举的例子是"将意识清醒的动物挂上屠宰线"）。[20] 葛兰汀曾目睹工人肢解意识清醒的牛，[21] 或是牛在被放血时醒过来，[22] 以及工人"用电棒捅牛的肛门"。[23] 当她不在场时又会发生什么呢？还有大部分根本拒绝接受检查的屠宰场呢？

如今，农民已经失去了——或者说被剥夺了——工作中一切直接的、人性化的关系。他们并不拥有那些动物，无法决定饲养的方式，也不能运用自己的智慧，除了适应高速的工业化屠宰场之外，没有其他选择。工业化模式不仅割裂了他们的劳作（砍、剁、锯、刺、削、切），同时将他们与产品（恶心、不健康的食品）、销售（隐秘、廉价的渠道）分离。在工业化农场和屠宰场中，人不再是人（人性不复存在）。这是世界上最异化的工作场合。工作的前提是你能将那些动物的遭遇抛诸脑后。

4

美国的餐桌

我们不应再拿"道德的肉食选择"来哄骗自己。全美国生产的非工业化鸡肉还不够养活史丹顿岛的人口，非工业化猪肉不够养活纽约市的人口，更不要提全美国了。[24] 符合道德的肉食选择是一种希望，而不是现实。任何严格坚持道德肉食选择的人到头来都要吃大量蔬菜。

很多人一边继续支持工业化农场，一边寻求其他替代。这种做法不坏，但如果这就是我们为道德所能做的最大努力，那未来不容乐观。只要我们还在给工业化农场送钱，他们就不会终结。如果蒙哥马利巴士抵制运动中，抵抗者图方便仍时不时搭乘公交，这次抵制还能有多少影响呢？如果罢工运动中，工人遇到困难就回去工作，罢工还能成功吗？如果有人读了这本书，开始寻找工业化农场产品的替代品，但与此同时继续吃工业化农场的肉制品，那么他们读到的绝非此书的本意。

如果我们真心想终结工业化农业，至少应当做到不再给那些最坏的施虐者送钱。对于有的人来说，不吃工业化农场的产品很容易做到。但有些人可能会觉得很难。对于这些人（我把自己归为这类人），最关键的问题就是值不值得牺牲方便。我们已经知道，这一决定有助于防止砍伐森林、控制气候变化、减少污染、保存石油储备、减轻美国农村的负担、阻止对人权的破坏、促进公共卫生的改善，以及消除人类历史上最可怕的大规模动物虐待。而我们还不知道的，或许同样有重要意义。比如，这一决定会如何改变我们？

　　拒绝工业化农场产品除了会直接改变我们摄入的食物，还可能产生更广泛的影响。如果一日三餐都能激发我们的同情心与理性，如果我们有足以改变最根深蒂固的消费习惯的道德和实践，我们能够创造出什么样的世界呢？托尔斯泰曾经说，只要有屠宰场就会有战场。当然，我们不是因为吃肉才打仗，有些战争也不得不打——更别提希特勒还是个素食主义者这回事儿了。[25] 但同情心就像肌肉，能通过锻炼变得强大，日复一日选择善意而非残忍终将改变我们。

　　有人会说，期待选择吃鸡肉饼还是吃素汉堡会产生这么大的影响，太过天真了。但要是回到 20 世纪 50 年代，跟人说坐进一家餐馆或一辆公共汽车就能根除种族主义，听上去更像是天方夜谭。或者回到 1970 年代，在凯萨·查维斯 * 发起工人运动之前，跟人说拒绝吃葡萄能使奴隶般的劳工摆脱恶劣的工作条件，也同样不可思议。尽管这些理念听上去不切实际，但如果我们认真检视，会发现正是我们每天的选择塑造了这个世界。正是美国早期定居者决定倾倒波

---

* 美国劳工领袖，劳工联合会（UFW）创始人之一。1965 年，他声援德拉诺罢工，呼吁抵制消费加州葡萄，从而为菲律宾裔的葡萄采摘工人赢得薪酬和福利的大幅改善。

士顿港的茶叶，最终促使了美国的诞生。我们每天吃什么（或扔掉什么）是影响社会生产与消费模式的决定性因素，而这些模式又会反过来塑造我们。选择蔬菜还是肉食、工业化农场还是家庭农场不能直接改变世界，但能教会我们、我们的孩子、当地居民乃至整个国家选择良知而非便利，而这能改变世界。盘中餐最能体现——或背弃——我们的价值观，不仅是个人的，还有国家的。

我们能传给后人的遗产，肯定不止对廉价商品的渴望。马丁·路德·金曾经充满激情地说道，总有一天"有人必须采取既不安全，也不谨慎，更不受欢迎的立场"。我们有时必须做出"良心告诉我们是正确的"决定。[26] 马丁·路德·金的名言与查维斯的劳工联合会是我们宝贵的遗产。有人会说，这些社会运动与如今工业化农场的状况大相径庭，对人类的压迫不同于对动物的虐待。马丁·路德·金和查维斯的行动是出于关心人类的苦难，而不是关心鸡或全球气候变化。没错。人们当然可以对我拿这两者做比较感到不满甚至愤怒，但值得一提的是，查维斯本人、金的妻子科雷塔·斯科特·金，以及金的儿子德克斯特都是素食主义者。如果认为他们一定不会站出来反对工业化农场，那我们对查维斯和金的遗产——乃至美国的遗产——或许理解得太狭隘了。

5

世界的餐桌

当你坐下来吃饭时，想象桌子旁还有其他九个人一块儿吃饭，你们代表世界上所有的人。按照国籍划分，有两个中国人、两个印度人，第五个代表亚洲东北、南部和中部的所有国家，第六个代表东南亚和大洋洲，第七个代表撒哈拉以南的非洲，第八个代表北非和中东，第九个代表欧洲。最后一个代表南美、北美和中美洲的所有国家。

如果按照母语划分，只有中文有自己的代表。英语和西班牙语可能要分享一张椅子。

如果按照宗教划分，则有三位基督徒、两位穆斯林，三位分别信仰佛教、中国传统宗教和印度教，另外两位信仰其他宗教或无宗教信仰。（我信仰的犹太教，教徒数量可能都不及中国人口普查的误差值，连半张椅子都坐不上。）[27]

如果按照摄入营养划分，一个人在挨饿，两个人超重。[28] 超过一半以素食为主，但这一数字正在减小。[29] 严格的素食主义者勉强能占一张椅子。[30] 任何人吃的鸡蛋、鸡肉或猪肉，超过一半来自工业化农场。[31] 照目前这个趋势，牛肉和羊肉也会变成这样。[32]

根据人口划分的话，美国根本占不到一张椅子，但如果按照消耗食物的数量划分，美国人能占两到三张椅子。没人比我们吃得更多了，如果我们能改变饮食习惯，世界也会随之改变。

我在这本书里主要讨论了饮食选择对生态环境和动物的影响，但我其实可以花同样篇幅探讨公共卫生、工人权利、农业社区以及全球贫困，这些议题同样极大地受到工业化农场的影响。工业化农场当然不是世界上所有问题的根源，但你会惊讶地发现，很多问题都与之有关。而像你我这样的普通人能够对工业化农场产生切实影响，这听上去不可思议，但没人会质疑美国消费者对全球农业生产的影响。

我知道我将得出不切实际的结论：每个人都能影响世界。现实当然更为复杂。作为一个个人，你的决定当然无法直接改变一个行业。然而，除非你从神秘渠道获得食物，并且躲在柜子里独自吃饭，否则你的饮食就与其他人有关。我们是一个家庭、一个社区、一代人、一个国家乃至全世界的组成部分。我们无法阻止自己的饮食产生影响。

任何一个坚持几年以上的素食主义者都会告诉你，这个简单的饮食选择给周边人带来了惊人的影响。代表全美餐厅的美国餐厅协会建议，每家餐厅至少推出一道素食主菜。原因很简单：根据他们的调查，超过 1/3 以上的餐厅都发现顾客对素食的需求正快速增长。[33] 餐厅业领先的专业周刊《美国餐厅新闻》也建议餐厅"增加蛋奶素或全素菜品。素食不仅更实惠……而且不会被一票否决：通常一群人中只要有一位严格素食主义者，他的选择就会决定大家的点菜方式"。[34]

肉类企业投入了成百上千万美元在电影中插入喝牛奶或吃牛肉的画面，饮料业可能花得更多，以至于我们从远处就能分辨别人手上拿的是可口可乐还是百事可乐。美国餐厅协会提出上述建议，不是为了照顾我们的感受，而是意识到吃饭是一种社交活动。大型跨国企业斥巨资研发肉类替代品也是出于同样的原因。

当我们举起餐叉时，便与其他事物建立了联系，包括农场动物、农场工人、国家经济和全球市场。不做选择——"跟其他人吃一样的东西"——其实是在做最容易的选择，然而也是问题最多的选择。毫无疑问，在大多数场合，跟别人吃得一样，也就是不做选择，没什么问题。但如今，这种做法无异于在骆驼背上再压上一根稻草。我们放上的稻草可能不是最后一根，但其他人也在这么做——在我们生命的每一天，在我们的孩子生命中的每一天，甚至他们的孩子……

世界餐桌上的座位与食物一直在变化。桌上两个中国人如今吃肉的量是几十年前的 4 倍，并且仍在不断增长。[35] 与此同时，两个无法喝到洁净水的人在盯着中国人。动物产品目前只占中国饮食的 16%，然而动物养殖业占中国用水量的一半以上。[36] 餐桌上最绝望的人根本没有足够的食物，他或她有理由担忧，如果全世界都开始效仿美国式肉食主义，自己将更难获得赖以生存的谷物。更多的肉意味着畜牧业要消耗更多谷物，留给挨饿之人的就更少。到 2050 年，全球家畜消耗的食物数量将与 40 亿人口相当。[37] 餐桌前挨饿的人很可能会从一个变成两个（饥饿人口每天增加 27 万）。[38] 与此同时，肥胖者也将增加一位。[39] 不难想象，不久的将来，世界餐桌前的人不是肥胖就是挨饿。

但我们可以不走到这一步。我们必须相信会有更好的未来，因为我们知道，放任不管的后果会有多可怕。

理性地看，工业化农场在各个方面都是错的。我在所有的阅读和采访中，没能找到哪怕一个支持它的理由。然而食物无关理性。食物是文化、习惯和身份。这种非理性让很多人选择随大流。饮食选择类似于时尚品位或生活方式偏好，不属于理性判断的范畴。而且我必须承认，食物的多样性及其无比丰富的内涵使得饮食选择——尤其是吃肉与否——更为复杂。我遇见的多位动物保护人士都流露出困惑和失望，因为一旦涉及食物，人们就不愿理智地思考。我理解他们的感受，但同时我不禁会想，或许希望正存在于这种非理性之中。

我们不会计算哪种饮食最节水或最人道，食物从来不是简单计算的结果。正因如此，我们有可能激励自己去改变谎言。工业化农场希望我们压抑自己的良心，服从于欲望。但我们的欲望也可以是拒绝工业化农场。

我越来越觉得，工业化农场的症结不在于公众的无知。无知当然是原因之一。因此我在本书中也提供了大量事实，这是必要的基础。我也提供了科学分析，关于我们每天的饮食选择会造成哪些长远影响，这点也很重要。我不想说理性对于我们的选择起不到重要作用，但作为人类，人性比理性更有力。借用动物保护人士的话，这不是一个由于"公众不了解真相"而产生的问题。对付工业化农场，需要的不仅是信息，还有关怀，这能超越欲望与理性、事实与传说、人类与动物之间的分野。

工业化农场荒唐的赢利模式总有一天会终结。它根本不具备可持续发展的能力。就像一只狗会甩掉身上的虱子，地球总有一天会甩掉工业化农场。唯一的疑问是人类届时会不会被一起甩开。

关于吃动物与否的思考，尤其是在公共场合的选择，会给世界带来意想不到的影响。这个问题比其他任何问题都复杂。从某个角度来看，肉在很大程度上不过是我们消费的众多产品中的一件，就像餐巾纸或大排量汽车。但提议在感恩节不使用餐巾纸——哪怕坚持不懈地提，甚至进行道德谴责——通常很少有人会搭理你；而提出感恩节吃素食，则一定会遭到强烈反对，甚至可能更糟。吃动物这一话题涉及我们内心深处的东西，我们的回忆、渴望和价值观，它可能引发争论、威胁、启迪，但肯定不会没有意义。食物很重要，动物也很重要，吃动物与否更重要。在吃动物这件事上的疑难，归根到底是因为我们有一种直觉：关于真正的"生而为人"究竟意味着什么。

6

他的第一次感恩节

感恩节我想感谢什么呢？小时候，我挪第一堆玉米粒时感激的是自己和家人的健康。对于一个孩子来说，这是个奇怪的选择。或许是由于祖辈的遭遇留下的阴影，或许是因为外婆挂在嘴边的"你得健康点儿"——她的语气听上去实在像一句指责，"你现在可不行，你应当更健康些"。无论如何，即便还只是一个孩子时，我就认为健康不是理所当然的事。（很多幸存者的后代选择以医生为职业不光是为了收入和地位，也有这个原因。）第二堆玉米粒是感激我的快乐。第三堆是感激我爱的人——围绕着我的家人，还有朋友。这些仍然是我今天最想感谢的——健康、快乐、我爱的人。但不再仅仅是我个人的健康、快乐和爱。从现在开始，我要感谢我的儿子，也要代表他表达感激，直到他自己能够参与这项仪式。

感恩节如何才能体现我们最真挚的感激？哪些习俗与象征能更好地表达对健康、快乐与所爱之人的感激？

我们当然要与家人团聚。不仅是聚在一起，还要一块儿吃饭。倒并非一直如此，联邦政府最初设想鼓励感恩节禁食一天，因为早期人们就是这么做的。据本杰明·富兰克林——在我看来，他就像这个节日的保护神——说，是"一位质朴的农民"提议，一场盛宴"能更好地激发感激之情"。[40] 我怀疑他是借农民之口说出了自己的心声，一个国家的传统就此建立。

历史上，美国人正是因为自给自足才能摆脱欧洲人的统治。欧洲的其他殖民地严重依赖进口，而早期美国移民在原住民的帮助下做到了自食其力。[41] 食物不是自由的象征，但食物是自由的首要条件。我们在感恩节吃美国原产的食物来纪念这一点。可以说，感恩节确立了美国道德消费理念的雏形。感恩节大餐开创了美国道德消费的先河。

那么这顿大餐上的食物呢？该如何选择才合理？

感恩节餐桌上的 4500 万只火鸡几乎全部不健康、不快乐，也从未体会过爱，这点很少有人提及。无论你对火鸡在感恩节大餐中的地位做何感想，都不得不承认以上事实。

如今，本是以虫为食的火鸡吃的全是人工饲料，成分包括"肉、锯木屑、皮革鞣制副产品"，还有其他更令人反胃的东西，我就不提了。[42] 由于火鸡容易生病，极不适应工业化模式，因此它们被投喂了大量抗生素，比其他任何一种农场动物都多。这会增加抗生素耐药性，从而威胁人类的健康。换句话说，餐桌上的火鸡会增加人类治愈疾病的难度。

分辨一件产品是残忍还是人道、污染还是环保，不该是消费者的责任。残忍、污染环境的产品就不应当被允许出售。我们不想看到使用含铅油漆的儿童玩具、含氯氟烃的喷雾剂或有不明副作用的药品。我们也不想看到工业化农场的动物产品。

无论如何模糊或忽略事实，毫无疑问，工业化农场都是极不人道的模式。而且我们深知，我们对待其他生命的方式具有深远的影响。我们对工业化农场的态度是一种考验，看我们如何面对最弱小、遥远、沉默的群体，在无人逼迫的情况下，我们会怎么做。目前我们需要的并非长期不变的方案，而是开始直面这一问题。

历史学家经常讲一个关于亚伯拉罕·林肯的故事，从斯普林菲尔德回华盛顿的路上，他命令所有人停下来去帮助几只陷入困境的小鸟。有人提出反对时，他直截了当地说："要是把这些可怜的小家伙扔在这儿，想到它们无法回到母亲的怀抱，我晚上会睡不着。"[43] 他没有指出这些小鸟的道德价值，它们自身或它们对生态系统以及对上帝的价值（他本可以这么做）。他只是坦言，既然撞见了这些小鸟遭受痛苦，他就背负上了道德负担。他无法就这么走开。林肯在这个问题上的态度并不具有一致性，他吃的鸟远比他救的鸟多。但至少在面对承受痛苦的生命时，他做出了回应。

　　无论是坐在世界餐桌前，或是与家人同席，还是只需面对内心的良知，我都无法接受工业化农场，这不仅是理性的问题，还因为那个模式不人道。接受工业化农场——为它们花钱、用它们生产的食物喂养家人——会贬低我的人格，让我不配做我外婆的外孙，不配做我儿子的父亲。

　　以上就是外婆那句话的含义——"如果不守任何原则，那这条命也不值得救。"

致
谢

利特尔＆布朗出版社为这本书和我提供了完美的家。感谢迈克·皮耶什对本书自始至终抱有信心；感谢杰夫·山德勒的智慧、精准和幽默；感谢丽丝·迈耶几个月以来广泛且巨大的帮助；感谢米歇尔·艾莉、阿曼达·托比尔和希瑟·范恩无限的创造力、活力和开放性。

洛里·格雷泽、布里吉特·玛米永、黛比·恩格尔和简内特·西尔维在本书还只是一个念头时给予我大量鼓励，如果没有他们早期的支持，我不知道是否还有信心跳出舒适区来写这本书。

我没法一一列举每一个与我分享专业知识的人，但我必须感谢黛安和马琳·哈弗森姐妹、保罗·夏皮欧、诺姆·莫尔、朴美妍、戈里·康纳斯沃伦、布鲁斯·弗雷德里希、迈克·格雷格、伯尼·罗林、丹尼尔·保利、比尔和妮可莱特·尼曼夫妇、弗兰克·里斯、凡塔斯玛一家、乔纳森·巴尔康、基恩·鲍尔、帕特里克·马丁斯、拉尔夫·梅拉兹、圣华金谷独立工人联盟，以及所有不愿透露姓名的农场工人。

达妮埃尔·克劳斯、马修·梅西耶、托里·奥克那和乔汉娜·邦德为我过去 3 年的研究提供了大量帮助，是我不可或缺的伙伴。

约瑟夫·芬纳迪为我提供了可靠的法律建议。书中大大小小的错误都没能逃过贝茨·乌利格的法眼，提高了这本书的准确度——如果还有任何疏忽都是我的责任。

汤姆·曼宁给每个章节标题拟的说明突出了数据的尖锐与紧迫性。

他开阔的视野给了我极大的帮助。

"农业前沿"组织的本·戈登史密斯为我提供了数不清的帮助，他的农业咨询工作也为我提供了重要启迪。

尼可尔·阿拉吉一如既往地担任了我的好朋友、好读者以及最好的经纪人。

我对工业化农场的探索离不开阿伦·格罗斯，我是汉·索洛的话，他就是楚巴卡*，我是匹诺曹，他就是小蟋蟀**。他是一位了不起的伙伴和学者，没有他我不可能进行这些探索。要深入探讨吃动物这一主题，不仅要掌握海量数据，还要了解复杂的文化历史。在这之前有很多优秀作者——从古代哲学家到当代科学家——都写过这一题材。阿伦帮助我了解到更多观点，拓展了本书的视野，也深化了我个人的探索。他简直就像我的搭档一样。尽管我们经常滥用这一说法，但我还是要真心实意地说，如果没有阿伦，我永远不可能写成这本书。他是一个了不起的人，是仁慈而理智的农业的开拓者，是我宝贵的朋友。

---

* 《星球大战》里的角色，楚巴卡是汉·索洛最亲密的伙伴和副手。

** 《木偶奇遇记》里的角色，小蟋蟀被仙女任命为匹诺曹的"良心"，为他指引方向。

注释

祖母的故事

1. 数据推算自 François Couplan and James Duke, *The Encyclopedia of Edible Plants of North America* (CT: Keats Publishing, 1998); "Edible Medicinal and Useful Plants for a Healthier World," Plants for a Future, http://www.pfaf.org/leaflets/edible_uses.php (accessed September 10, 2009).

2. 根据官方数据推算。在所有供食用农场动物中，鸡的数量最为庞大且几乎全部来自工业化农场。以下是各种禽畜工业化农场养殖的比例：
   肉鸡：99.94%（2007 年美国统计局年鉴与环保署规章）
   蛋鸡：96.57%（2007 年美国统计局年鉴与环保署规章）
   火鸡：97.43%（2007 年美国统计局年鉴与环保署规章）
   猪：95.41%（2007 年美国统计局年鉴与环保署规章）
   肉牛：78.2%（2008 年美国国家农业统计局报告）
   奶牛：60.16%（2007 年美国统计局年鉴与环保署规章）

孩子的启发

1. 参见本书第 164 页。

2. American Pets Products Manufacturers Association (APPMA), 2007–2008, as quoted in S. C. Johnson, "Photos: Americans Declare Love for Pets in National Contest," Thomson Reuters, April 15, 2009, http://www.reuters.com/article/pressRelease/idUS127052+15Apr-2009+PRN20090415 (accessed June 5, 2009).

3. "Pets in America," PetsinAmerica.org, 2005, http://www.petsinamerica.org/

thefutureofpets. htm (accessed June 5, 2009). Note: The Pets in America project is "presented in conjunction with" the Pets in America exhibit at the McKissick Museum, University of South Carolina.

4. Keith Vivian Thomas, *Man and the Natural World: A History of the Modern Sensibility* (New York: Pantheon Books, 1983), 119. 译文引自《人类与自然世界：1500–1800 年间英国观念的变化》，基思·托马斯著，宋丽丽译，译林出版社，2008，第 113-114 页。

5. "我最大的噩梦就是哪天孩子们跑过来告诉我，'爸爸，我们决定开始吃素'，我会一言不发把他们电死。" Victoria Kennedy, "Gordon Ramsay's Shocking Recipe for Raising Kids," *Daily Mirror*, April 25, 2007, http://www.mirror.co.uk/celebs/news/2007/04/25/gordon-ramsay-s-shocking-recipe-for-raising-kids-115875-18958425/ (accessed June 9, 2009).

6. "Inquiries revealed that dog meat is a prized food item here," as quoted in "Dog meat, a delicacy in Mizoram," *The Hindu*, December 20, 2004, http://www.hindu.com/2004/12/20/stories/2004122003042000.htm (accessed June 9, 2009).

7. "Wall paintings in a fourth-century Koguryo Kingdom tomb depict dogs being slaughtered along with pigs and sheep." Rolf Potts, "Man Bites Dog," Salon.com, October 28, 1999, http://www.salon.com/wlust/feature/1998/10/28feature.html (accessed June 30, 2009).

8. 同上。

9. Calvin W. Schwabe, *Unmentionable Cuisine* (Charlottesville: University of Virginia Press, 1979), 168.

10. Hernán Cortés, *Letters from Mexico*, translated by Anthony Pagden (New Haven, CT: Yale University Press, 1986), 103, 398.

11. S. Fallon and M. G. Enig, "Guts and Grease: The Diet of Native Americans," Weston A. Price Foundation, January 1, 2000, http://www.westonaprice.org/traditional_diets/native _americans.html (accessed June 23, 2009).

12. Schwabe, *Unmentionable Cuisine*, 168, 176.

13. Captain James Cook, *Explorations of Captain James Cook in the Pacific: As Told by Selections of His Own Journals, 1768–1779*, edited by Grenfell Price (Mineola, NY: Dover Publications, 1971), 291.

14. "Philippines Dogs: Factsheets," Global Action Network, 2005, http://www.gan.ca/campaigns/philippines+dogs/fact sheets.en.html (accessed July 7, 2009); "The Religious History of Eating Dog Meat," dogmeattrade.com, 2007, http://www.dogmeattrade .com/facts.html (accessed July 7, 2009).

15. Kevin Stafford, *The Welfare of Dogs* (New York: Springer, 2007), 14.

16. Senan Murray, "Dogs' dinners prove popular in Nigeria," *BBC News*, March 6, 2007, http://news .bbc.co.uk/1/hi/world/africa/6419041.stm (accessed June 23, 2009).

17. Schwabe, *Unmentionable Cuisine*, 168.

18. 同上，173。

19. Humane Society of the United States, "Pet Overpopulation Estimates," http://www. hsus.org/pets/issues_affecting_our_pets/pet_overpopulation_and_ownership_sta tistics/hsus_pet_overpopulation_estimates.html.

20. "Animal Shelter Euthanasia," American Humane Association, 2009, http://www. americanhumane.org/about-us/newsroom/fact-sheets/animal-shelter-euthanasia.html (accessed June 23, 2009).

21. "Ethnic Recipes: Asian and Pacific Island Recipes: Filipino Recipes: Stewed Dog (Wedding Style)," Recipe Source, http://www .recipesource.com/ethnic/asia/filipino/00/ rec0001.html (accessed June 10, 2009).

22. Fishbase.org 网站上收录了全球 31200 个鱼类物种，它们的常用名多达 276500 个。 Fishbase, January 15, 2009, http://www.fishbase.org (accessed June 10, 2009).

23. "几乎所有女性（99%）都表示她们经常与宠物交谈（这么做的男性为 95%），同时 93% 的女性认为宠物能与她们交流（87% 的男性持此想法）。" Business Wire, "Man's Best Friend Actually Woman's Best Friend; Survey Reveals That Females Have Stronger Affinity For Their Pets Than Their Partners," bnet, March 30, 2005, http://findar ticles. com/p/articles/mi_m0EIN/is_2005_March_30/ai_n13489499/ (accessed June 10, 2009).

24. "幼鱼会循着珊瑚发出的嘶嘶声找到它们。鱼还能捕捉到 20 千米以外的枪虾发出的煎 培根般的嗞嗞声。" Staff, "Fish Tune Into the Sounds of the Reef," *New Scientist*, April 16, 2005, http://www.newscientist.com/article/mg18624956.300-fish-tune-into-the-sounds-of-the-reef.html (accessed June 23, 2009).

25. Richard Ellis, *The Empty Ocean* (Washington, DC: Island Press, 2004), 14. Ellis cites Robert Morgan, *World Sea Fisheries* (New York: Pitman, 1955), 106.

26. J. P. George, *Longline Fishing* (Rome: Food and Agriculture Organization of the United Nations, 1993), 79.

27. Elli, *The Empty Ocean*, 14, 222.

28. "除了 1420 亿美元的销售额，与行业相关的商品和服务业也价值数百万美元，包 括包装、运输、制造和零售业。" American Meat Institute, "The United States Meat Industry at a Glance: Feeding Our Economy," meatAMI.com, 2009, http://www. meatami.com/ht/d/sp/i/47465/pid/47465/#feedingoureconomy (accessed May 29, 2009).

29. Food and Agriculture Organization of the United Nations, Livestock, Environment and Development Initiative, "Livestock's Long Shadow: Environmental Issues and Options" Rome, 2006, xxi, ftp://ftp.fao.org/docrep/fao/010/a0701e/a0701e00.pdf (accessed August 11, 2009).

30. 海洋的健康状况很难了解，但利用强有力的新工具——海洋营养级指数法（Marine

Trophic Index，MTI），科学家得以窥探海洋生物的状况。目前状况不容乐观。根据其在食物链中所处的位置，每种海洋生物被标注成营养级指数 1 到 5 中的一级。标注为 1 级的通常是植物，它们是海洋生物食物链的基础。而浮游生物等吃植物的生物被标注为 2 级。吃浮游生物的则是 3 级，以此类推。最高级的捕食者属于 5 级。如果我们可以统计海洋中的所有生物，并给每一个都标注级别，那么我们就能算出海洋中生物的平均营养级——相当于给全体海洋生物拍一张快照。MTI 就是对这一数值的估算。MTI 指数越高，食物链就越长越丰富，海洋就越健康。比方说，MTI 指数是 1，那么海洋里就只有植物；MIT 指数在 1 到 2 之间，海洋就只有植物和浮游生物。海洋中生物越丰富，食物链越复杂，MTI 指数就会更高。MTI 指数本身并无好坏之分，但如果海洋的 MTI 指数持续下降，那么对于鱼类和吃鱼的人来说就是坏消息。而 MTI 指数自 20 世纪 50 年代以来就一直下降，工业化捕捞正是从那时开始普及的。Daniel Pauly and Jay McLean, *In a Perfect Ocean* (Washington, DC: Island Press, 2003), 45–53.

31. 畜牧业是温室气体的罪魁祸首。Food and Agriculture Organization, "Livestock's Long Shadow," xxi, 112, 267; Pew Charitable Trusts, Johns Hopkins Bloomberg School of Public Health, and Pew Commission on Industrial Animal Production, "Putting Meat on the Table: Industrial Farm Animal Production in America," 2008, http://www.ncifap.org/ (accessed August 11, 2009).

32. R. A. Myers and B. Worm, "Extinction, Survival, or Recovery of Large Predatory Fishes," *Philosophical Transactions of the Royal Society of London Series B—Biological Sciences*, January 29, 2005, 13–20, http://www.pubmedcentral.nih.gov/articlerender. fcgi? artinstid=163 (accessed June 24, 2009).

33. Boris Worm and others, "Impacts of Biodiversity Loss on Ocean Ecosystem Services," *Science*, November 3, 2006, http://www.sciencemag.org (accessed May 26, 2009).

34. D. Pauly and others, "Global Trends in World Fisheries: Impacts on Marine Ecosystems and Food Security," Royal Society, January 29, 2005, http://www.pubmedcentral.nih. gov/articlerender.fcgi?artid=1636108 (accessed June 23, 2009).

35. 据联合国粮农组织的数据，每 600 亿只养殖动物中，有超过 500 亿只是肉鸡，几乎全部来自工业化农场。根据这一数据可以大致推测全球工业化养殖动物的数量。http:// faostat.fao.org/site/569/DesktopDefault.aspx?PageID=569#ancor

36. 见《祖母的故事》一章注释 2。

37. Stephen Sloan, *Ocean Bankruptcy* (Guilford;CT: Lyons Press, 2003), 75.

38. R. L. Lewison and others, "Quantifying the effects of fisheries on threatened species: the impact of pelagic longlines on loggerhead and leatherback sea turtles," *Ecology Letters* 7, no. 3 (2004): 225.

39. "This secondary line is hooked and baited with squid, fish, or in cases we have discovered, with fresh dolphin meat," as quoted in "What is a Longline?" Sea Shepherd

Conservation Society, 2009, http://www.seashepherd.org/sharks/longlining.html (accessed June 10, 2009).

40. Ellis, *The Empty Ocean*, 19.

41. J. A. Koslow and T. Koslow, *The Silent Deep: The Discovery, Ecology and Conservation of the Deep Sea* (Chicago: University of Chicago Press, 2007), 131, 198.

42. 同上，199。

43. Sloan, *Ocean Bankruptcy*, 75.

44. 这一节中关于本雅明、德里达和卡夫卡的讨论，要感谢宗教学教授和批判理论家阿伦·格罗斯与我的探讨。

45. Max Brod, *Franz Kafka* (New York: Schocken, 1947), 74.

46. Jacques Derrida, *The Animal That Therefore I Am*, edited by Marie-Louise Mallet and translated by David Wills (New York: Fordham University Press, 2008), 28, 29.

47. Ellis, *The Empty Ocean*, 78.

48. 同上，77-79。

49. 关于海马的知识来自大英百科全书在线版。"Sea Horse," Encyclopaedia Britannica Online, 2009, http://www.britannica.com/EBchecked/topic/664988/sea-horse (accessed July 7, 2009); Environmental Justice Foundation Charitable Trust, *Squandering the Seas: How Shrimp Trawling Is Threatening Ecological Integrity and Food Security Around the World* (London: Environmental Justice Foundation, 2003), 18; Richard Dutton, "Bonaire's Famous Seahorse Is the Holy Grail of Any Scuba Diving Trip," http://bonaireunderwater.info/imgpages/bonaire_seahorse.html (accessed July 7, 2009).

50. As listed in Environmental Justice Foundation, *Squandering the Seas*, 18.

51. "Report for Biennial Period, 2004–2005," part I, vol. 2, International Commission for the Conservation of Atlantic Tunas, Madrid, 2005, http://www.iccat.int/en/pubs_biennial.htm (accessed June 12, 2009).

52. Environmental Justice Foundation, *Squandering the Seas*, 19.

吃动物语典

1. 见本章注释29。

2. Timothy Ingold, *What is an Animal?* (Boston: Unwin Hyman, 1988), 1. 关于其他文化如何看待动物世界，埃杜阿多·巴塔哈·韦韦罗斯·德·卡斯特罗对南美雅韦提人的民族志研究提供了一个极其有趣的案例："人与动物的区别并不清楚……我无法找到一种简单的方式来描述'自然'在雅韦提人世界中的位置……他们没有'动物'一词；只有少数类别术语，例如'鱼'和'鸟'，其他物种则用其栖息地、捕食习惯、对于人类的功能（例如 do pi，'吃的'；temina ni，'可能的宠物'）、与萨满教的关系或食物禁忌等代指。对于动物的这种区分也适用于其他生命……（例如）人……和神。"参见 Eduardo Viveiros de Castro, *From the Enemy's Point of View: Humanity and Divinity in an Amazonian Society*, translated by Catherine V. Howard (Chicago: University of Chicago Press, 1992), 71.

3. 人文学科新近的跨学科研究显示，我们与动物的互动反映并塑造了我们对自身的理解。对与狗有关的儿童故事的研究和公众对动物福利的支持，可参见 *Animal Others and the Human Imagination*, edited by Aaron Gross and Anne Vallely (New York: Columbia University Press, 2012).

4. Frans de Waal. Frans de Waal, *Anthropodenial* (New York: Basic Books, 2001), 63, 69.

5. E. Cenami Spada, "Amorphism, mechanomorphism, and anthropomorphism," in *Anthropomorphism, Anecdotes, and Animals*, edited by R. W. Mitchell and others (Albany, NY: SUNY Press, 1997), 37–49.

6. 美国鸡蛋生产者联合会建议给每只母鸡至少 0.04 平方米的空间。据美国人道协会的报告，这就是养鸡业通常使用的鸡笼尺寸。"United Egg Producers Animal Husbandry Guidelines for U.S. Egg Laying Flocks," United Egg Producers Certified (Alpharetta, GA: United Egg Producers, 2008), http://www.uepcertified.com/program/guidelines/ (accessed June 24, 2009); "Cage-Free Egg Production vs. Battery-Cage Egg Production," Humane Society of the United States, 2009, http://www.hsus.org/farm/camp/nbe/compare.html (accessed June 23, 2009).

7. Roger Pulvers, "A Nation of Animal Lovers — As Pets or When They're on a Plate," *Japanese Times*, August 20, 2006, http://search.japantimes.co.jp/cgi- bin/fl20060820rp.html (accessed June 24, 2009).

8. 美国和欧洲的肉鸡拥有从 0.065 到 0.092 平方米不等的活动空间，但在印度和其他地区，肉鸡往往也被关在笼中。Ralph A. Ernst, "Chicken Meat Production in California," University of California Cooperative Extension, June 1995, http://animalscience.ucdavis.edu/avian/pfs20.htm (accessed July 7, 2009); D. L. Cunningham, "Broiler Production Systems in Georgia: Costs and Returns Analysis," thepoultrysite.com, July, 2004, http://www.thepoultrysite.com/articles/234/broiler-production-systems-in-georgia (accessed July 7, 2009).

9. American Egg Board, "History of Egg Production," 2007, http://www.incredibleegg.org/egg_facts_his tory2.html (accessed August 10, 2009).

10. Frank Gordy, "Broilers," in *American Poultry History, 1823–1973*, edited by Oscar August Hanke and others (Madison, WI: American Poultry Historical Society, 1974), 392; Mike Donohue, "How Breeding Companies Help Improve Broiler Industry Efficiency," thepoultrysite.com, February 2009, http://www.thepoultrysite.com/articles/1317/how-breeding-companies-help-improve-broiler-industry-efficiency (accessed August 10, 2009).

11. "从 每 天 25 克 增 加 到 每 天 100 克。" T. G. Knowles and others, "Leg Disorders in Broiler Chickens: Prevalence, Risk Factors and Prevention," PLoSONE, 2008, http://www.plosone.org/article/info:doi/10.1371/journal.pone.0001545 (accessed June 12, 2009).

12. Frank Reese, Good Shepherd Poultry Ranch, Personal correspondence, July 2009.

13. M. C. Appleby and others, Poultry Behaviour and Welfare (Wallingford, UK: CABI Publishing, 2004), 184.

14. 同上。

15. Gene Baur, *Farm Sanctuary* (New York: Touchstone, 2008), 150.

16. G. C. Perry, ed., *Welfare of the Laying Hen*, vol. 27, Poultry Science Symposium Series (Wallingford, UK: CABI Publishing, 2004), 386.

17. Environmental Justice Foundation Charitable Trust, *Squandering the Seas: How Shrimp Trawling Is Threatening Ecological Integrity and Food Security Around the World* (London: Environmental Justice Foundation, 2003), 12.

18. 同上。

19. 同上。

20. "Report for Biennial Period, 2004–2005," part I, vol. 2, International Commission for the Conservation of Atlantic Tunas, Madrid, 2005, 206, http://www.iccat.int/en/pubs_biennial .htm (accessed June 12, 2009).

21. International Commission for the Conservation of Atlantic Tunas, "Bycatch Species," March 2007, http://www.iccat.int/en/bycatchspp.htm (accessed August 10, 2009).

22. Nevada CFE, "Chapter 574 — Cruelty to Animals: Prevention and Punishment," NRS 574.200, 2007, http://leg.state.nv.us/NRS/NRS-574.html#NRS574Sec200 (accessed June 26, 2009).

23. D. J. Wolfson and M. Sullivan, "Foxes in the Henhouse," in *Animal Rights: Current Debates and New Directions*, edited by C. R. Sunstein and M. Nussbaum (Oxford: Oxford University Press, 2005), 213.

24. D. Hansen and V. Bridges, "A survey description of down-cows and cows with progressive or non-progressive neurological signs compatible with a TSE from veterinary client herd in 38 states," *Bovine Practitioner 33*, no. 2 (1999): 179–187.

25. "研究表明，不同饮食造成的温室气体排放与通常驾驶条件下普通轿车和跑车之间的差异一样大。" G. Eshel and P. A. Martin, "Diet, Energy, and Global Warming," *Earth Interactions* 10, no. 9 (2006): 1–17.

26. Food and Agriculture Organization of the United Nations, Livestock, Environment and Development Initiative, "Livestock's Long Shadow: Environmental Issues and Options," Rome, 2006, xxi, 112, 267, ftp://ftp.fao.org/docrep/fao/010/a0701e/a0701e00.pdf (accessed August 11, 2009).

27. Pew Charitable Trusts, Johns Hopkins Bloomberg School of Public Health, and Pew Commission on Industrial Animal Production, "Putting Meat on the Table: Industrial Farm Animal Production in America," 2008, 27, http://www.ncifap.org/(accessed August 11, 2009).

28. 这一数据实际偏低，因为联合国的统计没有包括运输家畜时排放的温室气体。Food and Agriculture Organization, "Livestock's Long Shadow," xxi, 112.

29. 据政府间气候变化专门委员会的报告，交通占温室气体排放量的13.1%，而家畜养殖占18%（见上文）。H. H. Rogner, D. Zhou, R. Bradley. P. Crabbé, O. Edenhofer, B. Hare (Australia), L. Kuijpers, and M. Yamaguchi, introduction to *Climate Change 2007: Mitigation. Contribution of Working Group III to the Fourth Assessment Report of the Intergovernmental Panel on Climate Change*, edited by B. Metz, O. R. Davidson, P. R. Bosch, R. Dave, and L. A. Meyer (New York: Cambridge University Press).

30. Food and Agriculture Organization, "Livestock's Long Shadow," xxi.

31. AFP, "Going veggie can slash your carbon footprint: Study," August 26, 2008, http://afp.google.com/article/ALeqM5gb6B3_ItBZn0mNPPt8J5nxjgtllw.

32. Food and Agriculture Organization, "Livestock's Long Shadow," 391.

33. Food and Agriculture Organization, "Livestock's Long Shadow"; FAO Fisheries and Aquaculture Department, "The State of World Fisheries and Aquaculture 2008," Food and Agriculture Organization of the United Nations, Rome, 2009, http://www.fao.org/fishery/sofia/en (accessed August 11, 2009).

34. P. Smith, D. Martino, Z. Cai, D. Gwary, H. Janzen, P. Kumar, B. McCarl, S. Ogle, F. O'Mara, C. Rice, B. Scholes, and O. Sirotenko, "Agriculture," in *Climate Change 2007: Mitigation*.

35. Michael Jacobsen et al., "Six Arguments for a Greener Diet," Center for Science in the Public Interest, 2006, http://www.cspinet.org/EatingGreen/ (accessed August 12, 2009).

36. Pew Charitable Trusts et al., "Putting Meat on the Table."

37. Doug Gurian-Sherman, "CAFOs Uncovered: The Untold Costs of Confined Animal Feeding Operations," Union of Concerned Scientists, 2008, http://www.ucsusa.org/food_and_agriculture/science_and_impacts/impacts_industrial_agriculture/cafos-uncovered.html; Margaret Mellon, "Hogging It: Estimates of Antimicrobial Abuse in Livestock," Union of Concerned Scientists, January 2001, http://www.ucsusa.org/publications/#Food_ and_Environment.

38. Sara J. Scherr and Sajal Sthapit, "Mitigating Climate Change Through Food and Land Use," Worldwatch Institute, 2009, https://www.worldwatch.org/node/6128.; Christopher Flavin et al., "State of the World 2008," Worldwatch Institute, 2008, https://www.worldwatch.org/node/5561#toc.

39. "Meat and Poultry Labeling Terms," United States Department of Agriculture, Food Safety

and Inspection Service, August 24, 2006, http://www.fsis.usda.gov/FactSheets/ Meat_&_Poul try_Labeling_Terms/index.asp (accessed July 3, 2009).

40. *Federal Register 73*, no. 198 (October 10, 2008): 60228–60230, Federal Register Online via GPO Access (wais.access.gpo.gov), http://www.fsis.usda.gov/OPPDE/rdad/ FRPubs/2008-0026.htm (accessed July 6, 2009).

41. 关于美国农业部标签的阐释，参见 HSUS, "A Brief Guide to Egg Carton Labels and Their Relevance to Animal Welfare," March 2009, http://www.hsus.org/farm/ resources/pubs/animal_welfare_claims_on_egg_cartons.html (accessed August 11, 2009).

42. "For consumers, 'fresh' means whole poultry and cuts have never been below 26°F." United States Department of Agriculture, Food Safety and Inspection Service, "The Poultry Label Says Fresh," www.fsis.usda.gov/PDF/Poultry_Label_Says_Fresh.pdf (accessed June 25, 2009).

43. 这项对鸽子的研究由牛津大学开展，详见 Jonathan Balcombe's *Pleasurable Kingdom: Animals and the Nature of Feeling Good* (New York: Macmillan, 2007), 53.

44. Lyall Watson, *The Whole Hog* (Washington, DC: Smithsonian Books, 2004), 177.

45. 猪会使用下巴的咀嚼声、牙齿的摩擦声、咕噜声、咆哮声、尖叫声、低吼声和鼾声进行交流。著名动物行为学家马克·贝科夫观察到，猪还会用身体语言"例如跳跃、小跑或摇头"邀请其他猪一同玩耍。Marc Bekoff, *The Emotional Lives of Animals* (Novato, CA: New World Library, 2008), 97; Humane Society of the United States, "About Pigs," http://www.hsus.org/farm/resources/animals/pigs/pigs.html?print=t (accessed June 23, 2009).

46. 我们还知道母猪会用咕噜声呼唤小猪来吃奶，小猪与母猪分开时也会用特殊的叫声来呼唤妈妈。Peter-Christian Schön and others, "Common Features and Individual Differences in Nurse Grunting of Domestic Pigs (*Sus scrofa*): A Multi-Parametric Analysis," *Behaviour* 136, no. 1 (January 1999): 49–66, http://www.hsus.org/farm/resources/animals/pigs/pigs. html?print=t (accessed August 12, 2009).

47. 坦普·葛兰汀的研究证明猪不仅喜欢玩具，还有"明显的偏好"。Temple Grandin, "Environmental Enrichment for Confinement Pigs," Livestock Conservation Institute, 1988, http://www.grandin.com/references/LCIhand.html (accessed June 26, 2009). For more discussion of play in pigs and other animals, see Bekoff, *The Emotional Lives of Animals*, 97.

48. 野猪也曾被观察到救助陷入困境的陌生成年同伴。Bekoff, The *Emotional Lives of Animals*, 28.

49. Lisa Duchene, "Are Pigs Smarter Than Dogs?" *Research Penn State*, May 8, 2006, http:// www.rps.psu.edu/probing/pigs.html (accessed June 23, 2009).

50. 同上。

51. K. N. Laland and others, "Learning in Fishes: From three-second memory to culture," *Fish and Fisheries* 4, no. 3 (2003): 199–202.

52. 这是基于 ISI Web of Knowledge 学术信息资源网的搜索结果和 350 篇论文摘要的粗略估算。

53. "与鸟一样，很多鱼会筑巢养育幼崽；其他则有永久性洞穴或习惯的躲藏地点。那些一直在移动觅食的鱼怎么办呢？花尾连鳍鱼每天晚上都会从海床收集碎石构筑新的巢穴，筑好巢以后便钻进去睡觉，第二天早上弃巢而去。" Culum Brown, "Not Just a Pretty Face," *New Scientist*, no. 2451 (2004): 42.

54. 例如，"绝大部分虾虎鱼都会与单一固定配偶孕育后代"。参见 *Behavioral Ecology*, 2009, http://beheco.oxfordjournals.org/cgi/content/full/arn118/DC1 (accessed June 25, 2009).

55. Laland and others, "Learning in Fishes," 199–202. Laland and others cite M. Milinski and others, "Tit for Tat: Sticklebacks, Gasterosteus aculeatus, 'trusting' a cooperative partner," *Behavioural Ecology* 1 (1990): 7–11; M. Milinski and others, "Do sticklebacks cooperate repeatedly in reciprocal pairs?" *Behavioral Ecology and Sociobiology 27 (1990)*: 17–21; L. A. Dugatkin, *Cooperation Among Animals* (New York: Oxford University Press, 1997).

56. "上文描述的利用岩石床砸开贝壳就是一个初级使用工具的例子。当然它不符合狭义的使用工具的定义——动物必须直接拿起一个物体来达到目的（贝克，1980）。一个更符合狭义定义的例子是南美丽鱼在受到干扰时会利用树叶来运送鱼卵（蒂姆斯和基雷希德，1975；基雷希德和普莱斯，1976）。鲶鱼也会将卵粘在树叶上，这样当树叶脱落时便会将鱼卵带去它们所筑的气泡巢（阿布拉斯特，1958）。" R. Bshary and others, "Fish Cognition: A primate eye's view," *Animal Cognition* 5, no. 1 (2001): 1–13.

57. P. K. McGregor, "Signaling in territorial systems — a context for individual identification, ranging and eavesdropping," *Philosophical Transactions of the Royal Society of London Series B — Biological Sciences* 340 (1993): 237– 244; Bshary and others, "Fish cognition," 1–13; S. W. Griffiths, "Learned recognition of conspecifics by fishes," *Fish and Fisheries* 4 (2003): 256–268, as cited in Laland and others, "Learning in Fishes," 199–202.

58. "鱼的智力与老鼠不相上下……圣安德鲁斯大学的迈克·韦斯特博士发现鱼在遇到危险时会展现出相当高的智力水平……韦斯特博士通过一系列实验，证实米诺鱼会分享逃避捕食者的技巧。他用一片透明塑料将一条鱼与鱼群隔开，他发现当没有危险时，这条鱼会独自行动。但当捕食者被放入池中后，这条鱼则会观察其他鱼来决定如何行动。" 韦斯特博士说："这些实验清楚地证明，面临的危险越大，米诺鱼越会依赖社会学习来做出相应的觅食决定。" Sarah Knapton, "Scientist finds fish are as clever as mammals," telegraph.co.uk, August 29, 2008, http://www.telegraph.co.uk/earth/main.jhtml? view=DETAILS&grid=&xml=/earth/2008/08/29/scifish129.xml (accessed

June 23, 2009).

59. Laland and others, "Learning in Fishes," 199–202. Laland and others cite McGregor, "Signaling in territorial systems," 237–244 ; Bshary and others, "Fish Cognition," 1–13; Griffiths, "Learned recognition of conspecifics by fishes," 256–268.

60. Laland and others, "Learning in Fishes," 199–202. Laland and others cite Bshary and others, "Fish Cognition," 1–13; R. Bshary and M. Wurth, "Cleaner fish *Labroides dimidiatus* manipulate client reef fish by providing tactile stimulation," *Proceedings of the Royal Society of London Series B — Biological Sciences* 268 (2001): 1495–1501.

61. "2001 年，我在《动物认知》（Vol. 4, 109）发表了一篇论文，讨论澳大利亚虹银汉鱼的长期记忆。我们训练鱼寻找鱼缸底部渔网上的一个洞。在 5 次尝试之后，它们便能顺利地找到这个洞。11 个月之后，我们重新测试，发现它们找到这个洞的能力并未减退，尽管这期间它们都没有接触这一设备。对于在野外只能生存 2 到 3 年的鱼类来说，这样的记忆力不算差。" Brown, "Not Just a Pretty Face," 42.

62. Laland and others, "Learning in Fishes," 199–202.

63. 同上。

64. Lesley J. Rogers, *Minds of Their Own* (Boulder, CO: Westview Press, 1997), 124–129; Balcombe, *Pleasurable Kingdom*, 31, 33–34.

65. Rogers, *Minds of Their Own*, 124–129.

66. Lesley J. Rogers, *The Development of Brain and Behavior in the Chicken* (Oxford: CABI, 1996), 217. 最近的科学研究证实了她的观点。著名动物行为学家彼得·梅勒最近发表的关于非人灵长类动物和禽类的社会认知的文献综述证实了罗杰斯的观察，他指出科学研究发现禽类与灵长类的相似之处多于差异。Balcombe, *Pleasurable Kingdom*, 52.

67. Rogers, *Minds of Their Own*, 74.

68. 一些研究发现，受伤的禽类能够学会分辨混有止疼药的饲料（并倾向于选择这样的饲料）。其他研究发现，鸡能够学会避免混有令它们生病的化学物质的蓝色饲料。即便饲料中不再掺有化学物质，母鸡依然会教小鸡不要食用蓝色饲料。由于止疼药和化学物质都不会立即起作用，要辨识是饲料的问题需要高级的分析能力。Bekoff, *The Emotional Lives of Animals*, 46.

69. 公鸡找到食物后通常会用叫声呼唤它们求爱的母鸡，母鸡便会跑过来。但有时，公鸡即便没有找到食物也会用同样的声音唤来母鸡，母鸡（在距离远看不清的情况下）也会跑过来。Rogers, *Minds of Their Own*, 38; Balcombe, *Pleasurable Kingdom*, 51.

70. 例如，在鸡啄把手时给它们少许食物奖励，如果它们等待 22 秒再啄则给予更多食物，90% 的时候它们都会选择等待。其余的 10% 缺少耐心，或就是偏好少量的即时奖励。Balcombe, *Pleasurable Kingdom*, 223.

71. 同上，52。

72. "据报告肯德基每年购买 8.5 亿只鸡（公司承认的数量）。" 引自 Daniel Zwerdling, "A View to a Kill," *Gourmet*, June 2007, http://www.gourmet.com/magazine/2000s/2007/06/

aviewtoakill (accessed June 26, 2009).

73. "肯德基的管理层没有让步，他们坚持他们已经'关心动物福祉，坚持以人道方式对待鸡'。"出处同上。

74. "KFC responds to chicken supplier scandal," foodproductiondaily.com, July 23, 2004, http://www .foodproductiondaily.com/Supply-Chain/KFC-responds-to-chicken-supplier-scandal (accessed June 29, 2009); "Undercover Investigations," Kentucky Fried Cruelty, http://www.kentuckyfriedcruelty.com/u-pil grimspride.asp (accessed July 5, 2009).

75. "Animal Welfare Program," Kentucky Fried Chicken (KFC), http://www.kfc.com/about/animalwelfare.asp (accessed July 2, 2009).

76. Andrew Martin, "PETA Ruffles Feathers: Graphic protests aimed at customers haven't pushed KFC to change suppliers' slaughterhouse rules," *Chicago Tribune*, August 6, 2005.

77. Heather Moore, "Unhealthy and Inhumane: KFC Doesn't Do Anyone Right," *American Chronicle*, July 19, 2006, http://www.americanchronicle.com/articles/view/11651 (accessed June 29, 2009).

78. 善待动物组织调查报告称，"在 9 个不同的日子里，善待动物组织调查员均见到工人在悬挂火鸡的区域小便，包括在将鸡运至屠宰的传送带上"。见 "Tyson Workers Tor-turing Birds, Urinating or Slauter Line," PETA, http://getactive .peta.org/campaign/tortured_by_tyson (accessed July 27, 2009).

79. "Advisory Council," Kentucky Fried Chicken, http://www.kfc.com/about/animalwelfare_council.asp (accessed July 2, 2009).

80. FailedMessiah.com 网站详细记录了阿格里屠宰场事件的始末。

81. 佩里·帕菲尔·兰克（拉比大会主席），致保守派拉比的信，2008 年 12 月 8 日。

82. Aaron Gross, "When Kosher Isn't Kosher," *Tikkun* 20, no. 2 (2005): 55.

83. 同上。

84. "The Issues: Organic," Sustainable Table, http://www.sustainabletable.org/issues/organic/ (accessed August 6, 2009); "Fact Sheet: Organic Labeling and Marketing Information," USDA Agricultural Marketing Service, http://www.ams.usda.gov/AMSv1.0/getfile? dDocName=STELDEV3004446&acct=nopgeninfo (accessed August 6, 2009).

85. "自 1999 年以来的变化，比我过去 30 年看到的还要多。"Amy Garber and James Peters, "Latest Pet Project: Industry agencies try to create protocol for improving living, slaughtering conditions," *Nation's Restaurant News*, September 22, 2003, http://findarticles.com/p/articles/mi_m3190/is_38_37/ai_108279089/?tag=content;col1 (accessed August 12, 2009).

86. 史蒂夫·科佩鲁德，2009 年 1 月 12 日，对哈佛学生刘易斯·巴拉德的电话采访，巴拉德的论文主题是 "HSUS and PETA farmed animal welfare campaigns"。

87. David W. Moore, "Public Lukewarm on Animal Rights: Supports strict laws governing treatment of farm animals, but opposes ban on product testing and medical research," Gallup News Service, May 21, 2003, http://www.gallup.com/poll/8461/public -lukewarm-animal-rights.aspx (accessed June 26, 2009).

88. Jayson L. Lusk et al., "Consumer Preferences for Farm Animal Welfare: Results of a Nationwide Telephone Survey," Oklahoma State University, Department of Agricultural Economics, August 17, 2007, ii, 23, 24, available at asp.okstate.edu/baileynorwood/AW2/InitialReporttoAFB.pdf (accessed July 7, 2009).

89. Moore, "Public Lukewarm on Animal Rights."

90. Wolfson and Sullivan, "Foxes in the Henhouse," 206. 这不仅包括宠物，还包括猎物、观赏鸟类、教学解剖动物，以及动物园、实验室、赛场、打斗场和马戏团中的动物。作者提供的数据为98%，但同时指出他们没有计入养殖的鱼类。考虑到养殖鱼类的数量，我们可以将这一数字提升至99%。

夜访陌生农场

本章的人物特征以及部分事件的时间、地点已作更改。

1. 见《吃动物词典》一章注释6。

2. 这是加州（及其他地方）典型的火鸡农场的数据。John C. Voris, "Poultry Fact Sheet No. 16c: California Turkey Production," Cooperative Extension, University of California, September 1997, http://animalscience.ucdavis.edu/Avian/pfsl6C.htm (accessed August 16, 2009).

3. 这段独白综合了我采访的几位工业化农场工作人员的叙述。

4. 养鸡场死亡率通常为每周1%，根据肉鸡的生命周期折算的死亡率为5%，是蛋鸡死亡率的7倍。过快的生长率是导致高死亡率的重要原因。"The Welfare of Broiler Chickens in the EU," Compassion in World Farming Trust, 2005, http://www.ciwf.org.uk/includes/documents/cm_docs/2008/w/welfare_of_broilers_in_the_eu_ (accessed August 16, 2009).

5. 这一业界俚语特指为麦当劳等快餐公司"设计"的特殊品种鸡。Eric Schlosser, *Fast Food Nation* (New York: Harper Perennial, 2005), 140.

6. Jeffrey Moussaieff Masson, *The Pig Who Sang to the Moon* (New York: Vintage, 2005), 65.

7. "我多次愿意聚集你的儿女，好像母鸡把小鸡聚集在翅膀底下。"《马太福音》23：27（新国际版）。

8. James Serpell, *In the Company of Animals* (Cambridge: Cambridge University Press, 2008), 5.

9. 研究人员早就发现，古代岩画中的形象以动物为主。例如，"岩画基本上是动物艺术；

无论绘画、雕刻还是雕塑，无论是巨大的壁画还是纤细的描摹，灵感全部——至少几乎是全部——来自动物世界"。Annette Laming–Emperaire, *Lascaux: Paintings and Engravings* (Baltimore: Penguin Books, 1959), 208.

10. Michael Pollan, *The Omnivore's Dilemma* (New York: Penguin, 2007), 320.

11. Jacob Milgrom, *Leviticus 1–16*, Anchor Bible series (New York: Doubleday, 1991).

12. Jonathan Z. Smith, *Imagining Religion: From Babylon to Jonestown*, Chicago Studies in the History of Judaism (Chicago: University of Chicago Press, 1988), 59.

13. Saul Lieberman, *Greek in Jewish Palestine: Hellenism in Jewish Palestine* (New York: Jewish Theological Seminary of America, 1994), 159–160.

14. Elaine Scarry, *On Beauty and Being Just* (Princeton, NJ: Princeton University Press, 2001), 18.

15. 感谢动物福利专家、哲学教授伯纳德·罗林与我分享他的见解。他观察到随着工业化农场的兴起，动物与农民的利益不再一致，传统伦理不复存在，这是他的研究与倡议工作的理念基础。

16. D. D. Stull and M. J. Broadway, *Slaughterhouse Blues: The Meat and Poultry Industry in North America*, Case Studies on Contemporary Social Issues (Belmont, CA: Wadsworth Publishing, 2003), 34.

17. 同上，70-71。

18. Jeremy Rifkin, *Beyond Beef: The Rise and Fall of the Cattle Culture* (New York: Plume, 1993), 120.

19. Stull and Broadway, *Slaughterhouse Blues*, 33; Rifkin, *Beyond Beef*, 87–88.

20. R. Pirog and others, "Food, Fuel, and Freeways: An Iowa perspective on how far food travels, fuel usage, and greenhouse gas emissions," Leopold Center for Sustainable Agriculture, Ames, Iowa, 2001, http://www.leopold.iastate.edu/pubs/staff/ppp/index.htm (accessed July 16, 2009).

21. Stull and Broadway, *Slaughterhouse Blues*, 34.

22. Schlosser, *Fast Food Nation*, 173; Steve Bjerklie, "The Era of Big Bird Is Here: The Eight-Pound Chicken Is Changing Processing and the Industry," *Business Journal for Meat and Poultry Processors*, January 1, 2008, http://www.meatpoultry.com/ Feature_Stories.asp?ArticleID=90548 (accessed July 15, 2009).

23. *Blood, Sweat, and Fear: Workers' Rights in US Meat and Poultry Plants* (New York: Human Rights Watch, 2004), 33–38.

24. Stull and Broadway, *Slaughterhouse Blues*, 38; Steve Striffler, *Chicken: The Dangerous Transformation of America's Favorite Food* (New Haven, CT: Yale University Press, 2007), 34.

25. 鸡饲料中添加的维生素 A 和 D 能够保证圈养鸡的正常生长和骨骼发展。Jim Mason, *Animal Factories* (New York: Three Rivers Press, 1990), 2.

26. Stull and Broadway, *Slaughterhouse Blues*, 38.

27. History of Sussex County, "Celia Steele & the Broiler Industry," sussexcountyde.gov, 2009, http://www.sussexcoun tyde.gov/about/history/events.cfm? action=broiler (accessed July 15, 2009).

28. W. O. Wilson, "Housing," in *American Poultry History: 1823–1973*, edited by Oscar August Hanke and others (Madison, WI: American Poultry Historical Society, 1974), 218.

29. Striffler, *Chicken*, 34.

30. Lynette M. Ward, "Environmental Policies for a Sustainable Poultry Industry in Sussex County, Delaware," Ph.D. dissertation, Environmental and Energy Policy, University of Delaware, 2003, 4, 15, http://northeast.manure management.cornell.edu/docs/Ward_2003_Dissertation.pdf (accessed August 16, 2009).

31. P. A. Hamilton and others, "Water-quality assessment of the Delmarva Peninsula," Report Number 03–40, http://pubs.er.usgs.gov/usgspubs/ofr/ofr9340. For discussion see Peter S. Goodman, "An Unsavory Byproduct: Runoff and Pollution," *Washington Post*, August 1, 1999, http://www.washingtonpost.com/wp-srv/local/daily/aug99/chicken1.htm (accessed July 6, 2009).

32. Mason, *Animal Factories*, 2.

33. Pollan, *The Omnivore's Dilemma*, 52–54.

34. Mason, *Animal Factories*, 2.

35. 同上。

36. George E. "Jim." Coleman, "One Man's Recollections over 50 Years," *Broiler Industry* (1976): 56.

37. Mason, *Animal Factories*, 2.

38. P. Smith and C. Daniel, *The Chicken Book* (Boston: Little, Brown, 1975), 270–272.

39. William Boyd, "Making Meat: Science, Technology, and American Poultry Production," *Technology and Culture* 42 (October 2001): 636–637, as quoted in Striffler, Chicken, 46.

40. Paul Aho, "Feather Success," Watt Poultry USA, February 2002, http://www.wattnet.com/Archives/Docs/202wp30.pdf? CFID=28327&CFTOKEN=64015918 (accessed July 13, 2009).

41. Jacques Derrida, *The Animal That Therefore I Am*, edited by Marie-Louise Mallet, translated by David Wills (New York: Fordham University Press, 2008), 25–26.

42. Jim Mason *Animal Factories*, 1. 引文出处分别是：*Farmer and Stockbreeder*, January 30, 1962; J. Byrnes, "Raising Pigs by the Calendar at Maplewood Farm," *Hog Farm Management*, September 1976; "Farm Animals of the Future," *Agricultural Research*, U.S. Department of Agriculture, April 1989.

43. Scott Derks, ed., *The Value of a Dollar*: 1860–1999, millennium ed. (Lakeville, CT: Grey

House Publishing, 1999), 280; Bureau of Labor Statistics, Average Price Data, US City Average, Milk, Fresh, Whole, Fortified, Per Gallon.

44. 见《祖母的故事》一章注释 2。

瞠目结舌

1. 动物农业和气候研究专家诺姆·莫尔（Noam Mohr）根据美国农业部数据计算。

2. Michael Greger, "Hong Kong 1997," BirdFluBook.com, http://birdflubook.com/a.php?id=15 (accessed July 6, 2009).

3. 即便采用最保守的数据，1918 年流感造成的 2000 万人死亡也已经是历史上死亡人数最多的瘟疫。部分数据显示，二战导致的死亡总数要超过 1918 年的流感，但二战持续了 6 年，而 1918 年流感仅有 2 年。Y. Ghendon, "Introduction to pandemic influenza through history," *European Journal of Epidemiology* 10 (1994): 451–453.

4. J. M. Barry, "Viruses of mass destruction," Fortune 150, no. 9 (2004): 74–76.

5. NPAS Johnson and J. Mueller, "Updating the Accounts: Global mortality of the 1918–1920 'Spanish' influenza pandemic," *Bulletin of the History of Medicine* 76 (2002): 105–115.

6. A. W. Crosby, *Epidemic and Peace*, 1918 (Westford, CT: Greenwood Press, 1976), 205.

7. J. S. Nguyen-Van-Tam and A. W. Hampson, "The epidemiology and clinical impact of pandemic influenza," Vaccine 21 (2003): 1762–1768, 1765, http://birdfluexposed.com/resources/tam1772.pdf (accessed July 6, 2009).

8. L. Garrett, "The Next Pandemic? Probable cause," *Foreign Affairs* 84, no. 4 (2005).

9. Crosby, *Epidemic and Peace*, 1918, 60.

10. Pete Davies, *The Devil's Flu* (New York: Henry Holt, 2000), 86.

11. World Health Organization, "World is ill-prepared for 'inevitable' flu pandemic," *Bulletin of the World Health Organization*, 2004, http://who.int/bulletin/volumes/82/4/who%20news.pdf (accessed July 6, 2009).

12. M. S. Smolinksi and others, *Microbial Threats to Health: The Threat of Pandemic Influenza* (Washington, DC: National Academies Press, 2005), 138.

13. 预测流行病的确切影响很难，这需要跨多门学科的专业知识（病理学、流行病学、社会学、兽医学，等等），并且需要考虑病菌、新技术（例如地理信息系统、遥感数据和分子流行病学）和政府健康部门的政策（取决于各国领导一时的心情）之间的相互影响。"Report of the WHO/FAO/OIE joint consultation on emerging zoonotic diseases: in collaboration with the Health Council of the Netherlands," May 3–5, 2004, Geneva, Switzerland, 7.

14. "Ten things you need to know about pandemic influenza," World Health Organization,

2005, http://www .who.int/csr/disease/influcnza/pandemic10things/en/ (accessed July 16, 2009).

15. 同上。

16. J. K. Taubenberger and others, "Characterization of the 1918 influenza virus polymerase genes," Nature 437, no. 889 (2005); R. B. Belshe, "The origins of pandemic influenza — lessons from the 1918 virus," *New England Journal of Medicine* 353, no. 21 (2005): 2209–2211.

17. "陶本博格和莱德之后的研究揭露了一个令人震惊的事实：1918 年的流感大流行与 1957 年和 1968 年的情况有所不同。后两次的病毒是禽类的表面蛋白与人类的核心基因相结合的结果。而 1918 年的病毒表面基因具有哺乳动物的特征。尽管它可能源自禽类，但最初花了数年时间适应哺乳动物，例如猪或人类。" Madeline Drexler, *Secret Agents* (New York: Penguin, 2003). 189.

18. 同上，173。

19. 同上，170-171。

20. 同上，170。

21. 同上，171。

22. 同上，172。

23. Joseph LaDou, *Current Occupational and Environmental Medicine* (New York: McGraw-Hill Professional, 2006), 263–264; R.A.M.Fouchier, "Characterization of a novel influenza A virus hemagglutinin subtype (H16) obtained from black-headed gulls," Journal of Virology 79, no. 5 (2005): 2814–2822; Drexler, *Secret Agents*, 171.

24. 同上，171。

25. 同上，172。

26. David S. Goodsell, "Hemagglutinin," RCSB Protein Data Bank, April 2006, http://www. rcsb.org/pdb/static.do? p=education_discussion/molecule_of_the_month/pdb76_1 .html (accessed July 16, 2009).

27. Terrence o'Keefe and Gray Thorton, "Housing Expansion Plans," Walt Poultry Industry USA, June 2006, 30.

28. 同上。

29. "About the Industry: Animal Welfare: Physical Well-Being of Chickens," National Chicken Council, 2007, http://www.nationalchickencouncil.com/aboutIndustry/ detail .cfm?id=11 (accessed July 6, 2009).

30. S. Boersma, "Managing Rapid Growth Rate in Broilers," *World Poultry* 17, no. 8 (2001): 20, http://www.world poultry.net/article-database/managing- rapid-growth-rate-in-broilers-id1337.html (accessed July 8, 2009).

31. 世界家禽学会的一份地方报告指出，"过快的生长率是导致'生产系统中的肉鸡常见腿疾'的主要原因之一"。G. S. Santotra and others, "Monitoring Leg Problems

in Broilers: A survey of commercial broiler production in Denmark," *World's Poultry Science Journal* 57 (2001).

32. "Flip-over Disease: Introduction," *The Merk Veterinary Manual* (Whitehouse Station, NJ: Merck, 2008), http://www.merckvetmanual.com/mvm/index.jsp? cfile=htm/bc/202500.htm (accessed June 28, 2009).

33. M. H. Maxwell and G. W. Robertson, "World broiler ascites survey 1996," *Poultry Int.* (April 1997), as cited in "Ascites," Government of Alberta, July 15, 2008, http://www1 .agric. gov.ab.ca/$department/deptdocs.nsf/all/pou3546?open document (accessed June 28, 2009).

34. Santotra and others, "Monitoring Leg Problems in Broilers."

35. T. G. Knowles and others, "Leg Disorders in Broiler Chickens: Prevalence, Risk Factors and Prevention," PLoS ONE, (2008), http://www.plosone.org/article/info:doi/10.1371/journal.pone .0001545; S. C. Kestin and others, "Prevalence of leg weakness in broiler chickens and its relationship with genotype," *Veterinary Record* 131 (1992): 190–194.

36. 美国人道协会最近发布的白皮书引用了《兽医记录》杂志发表的多项研究，指出"研究显示，'无法行走的'家禽是因为受疼痛困扰"。HSUS, "An HSUS Report: The Welfare of Animals in the Chicken Industry," 2, http://www.hsus.org/web-files/PDF/farm/welfare_broiler.pdf.

37. I. Duncan, "Welfare Problems of Poultry," in *The Well-Being of Farm Animals: Challenges and Solutions*, edited by G. J. Benson and B. E. Rollin. (Ames, IA: Blackwell Publishing, 2004), 310; Christine Woodside, *Living on an Acre: A Practical Guide to the Self-Reliant Life* (Guilford, CT: Lyons Press, 2003), 234.

38. I. Duncan, "Welfare problems of meat-type chickens," Farmed Animal Well-Being Conference, University of California–Davis, June 28–29, 2001, http://www.upc- online. org/fall2001/well-being_conference_review.html (accessed on August 12, 2009).

39. "39-day blog following the life of a factory farmed chicken," Compassion in World Farming, http://www .chickenout.tv/39-day-blog.html; G. T. Tabler, I. L. Berry, and A. M. Mendenhall, "Mortality Patterns Associated with Commercial Broiler Production," Avian Advice (University of Arkansas) 6, no. 1 Spring (2004): 1–3.

40. Jim Mason, *Animal Factories* (New York: Three Rivers Press, 1990), 29.

41. "Nationwide Young Chicken Microbiological Baseline Data Collection Program," Food Safety and Inspection Service, November 1999–October 2000, http://www. fsis.usda .gov/Science/Baseline_Data/index.asp (accessed July 17, 2009); Nichols Fox, "Safe Food? Not Yet," *New York Times*, January 30, 1997, http://www.nytimes. com/1997/01/30/opinion/safe-food-not-yet .html?pagewanted=print (accessed August 16, 2009); K. L. Kotula and Y. Pandya, "Bacterial Contamination of Broiler

Chickens Before Scalding," *Journal of Food Protection* 58, no. 12 (1995): 1326–1329, http://www .ingentaconnect.com./content/iafp/jfp/1995/00000058/00000012/ art00007% 3Bjsessionid=1ms4km94qohkn.alexandra (accessed August 16, 2009).

42. C. Zhao and others, "Prevalence of *Campylobacter* spp., *Escherichia coli*, and *Salmonella* Serovars in Retail Chicken, Turkey, Pork, and Beef from the Greater Washington, D.C., Area," *Applied and Environmental Microbiology* 67, no. 12 (December 2001): 5431–5436, http://aem.asm.org/cgi/content/abstract/67/12/5431? maxtoshow=&HITS=10&hi ts=10&RESULTFORMAT=&fulltext=coli&searchid=1&FIRSTINDEX=2400&reso urcetype=HWFIG (accessed August 16, 2009); R. B. Kegode and others, "Occurrence of *Campylobacter* species, Salmonella species, and generic *Escherichia coli* in meat products from retail outlets in the Fargo metropolitan area," *Journal of Food* Safety 28, no.1(2008):111–125, http://www.ars.usda.gov/research/publications/publications. htm?SEQ_NO_115=196570 (accessed August 16, 2009).

43. S. Russell and others, "Zero tolerance for salmonella raises questions," WattPoultry. com, 2009, http://www.wattpoultry.com/PoultryUSA/Article.aspx?id=30786 (accessed August 16, 2009).

44. Kotula and Pandya, "Bacterial Contamination of Broiler Chickens Before Scalding," 1326–1329.

45. "Dirty Birds: Even Premium Chickens Harbor Dangerous Bacteria," *Consumer Reports*, January 2007, www.usapeec.org/p_documents/newsandinfo_050612111938.pdf (accessed July 8, 2009).

46. Marian Burros, "Health Concerns Mounting over Bacteria in Chickens," *New York Times*, October 20, 1997, http://www.nytimes.com/1997/10/20/us/health-concerns-mounting-over-bacteria-in- chickens.html?scp=1&sq=%22Health%20Concerns%20 Mounting%20Over%20Bacteria% 20in%20Chickens%22&st=cse (accessed July 17, 2009). See also: Alan R. Sams, *Poultry Meat Processing* (Florence, KY: CRC Press, 2001), 143, http://books.google.com/books? id=UCjhDRSP13wC&pg=PP1&dq=Poultry+ Meat+Processing&ei=ag9hSprSFYrgkwSv8Om (accessed July 17, 2009); Kotula and Pandya, "Bacterial Contamination of Broiler Chickens Before Scalding," 1326–1329; Zhao and others, "Prevalence of *Campylobacter* spp., *Escherichia coli*, and *Salmonella* Serovars in Retail Chicken, Turkey, Pork, and Beef from the Greater Washington, D.C., Area," 5431–5436; J. C. Buzby and others, "Bacterial Foodborne Disease: Medical Costs and Productivity Losses," *Agricultural Economics Report*, no. AER741 (August 1996): 3, http://www.ers.usda.gov/Publications/AER741/ (accessed August 16, 2009).

47. G. C. Mead, *Food Safety Control in the Poultry Industry* (Florence, KY: CRC Press, 2005), 322; Sams, *Poultry Meat Processing*, 143, 150.

48. "Buying This Chicken? You could pay up to $1.70 for broth," ConsumerReports.

org, June 2008, http://www.consumerreports.org/cro/food/news/2008/06/poultry-companies-adding-broth- to-products/overview/enhanced-poultry-ov.htm? resultPageI ndex=1&resultIndex=8&searchTerm=chicken (accessed August 16, 2009).

49. 同上。

50. *Blood, Sweat, and Fear: Workers' Rights in US Meat and Poultry Plants* (New York: Human Rights Watch, 2004), 108, footnote 298.

51. 同上，78-101。

52. 同上，2。

53. T. G. Knowles. "Handling and Transport of Spent Hens," *World's Poultry Science Journal* 50 (1994): 60–61.

54. 关于鸡麻痹后是否会丧失意识尚有争论，但至少有很大一部分鸡动弹不得之时是有知觉的。关于这一问题的文献综述，参见 S. Shields and M. Raj, "An HSUS Report: The Welfare of Birds at Slaughter," October 3, 2008, http://www.hsus.org/farm/resources/research/welfare/welfare_of_birds_at_slaughter.html#038 (accessed August 16, 2009).

55. Gail A. Eisnitz, *Slaughterhouse: The Shocking Story of Greed, Neglect, and Inhumane Treatment Inside the U.S. Meat Industry* (Amherst, NY: Prometheus Books, 2006), 166. Also see: E. W. Craig and D. L. Fletchere, "Processing and Products: A Comparison of High Current and Low Voltage Electrical Stunning Systems on Broiler Breast Rigor Development and Meat Quality," Poultry Science 76, no. 8 (1997): 1178–1179, http://poultsci.highwire.org/cgi/content/abstract/76/8/1178 (accessed August 16,2009).

56. Daniel Zwerdling, "A View to a Kill," Gourmet, June 2007, 96, http://www.gourmet.com/magazine/2005/ 2007/06/aviewtoakill (accessed June 26, 2009).

57. 《信息自由法案》披露的信息显示，1993 年美国屠宰的鸡总量为 70 亿只，其中 300 万只在活着的情况下被送入烫脱池。如今每年屠宰的鸡数量为 90 亿只，我们可以推算出至少 385 万只鸡有此遭遇。Freedom of Information Act #94-363, Poultry Slaughtered, Condemned, and Cadavers, 6/30/94, cited in "Poultry Slaughter: The Need for Legislation," United Poultry Concerns, www.upc- online.org/slaughter/slaughter3web.pdf (accessed August 12, 2009).

58. K. A. Liljebjelke and others, "Scald tank water and foam as sources of salmonella contamination for poultry carcasses during early processing," Poultry Science Association Meeting, 2009, http://www.ars.usda.gov/research/publications/public ations.htm?SEQ_NO_115=238456 (accessed July 11, 2009). For further discussion, see Eisnitz, Slaughterhouse, 166.

59. Caroline Smith DeWaal, "Playing Chicken: The Human Cost of Inadequate Regulation of the Poultry Industry," Center for Science in the Public Interest (CSPI), 1996, http://www.cspinet.org/reports/polt.html (accessed July 11, 2009).

60. 同上。

61. Moira Herbst, "Beefs About Poultry Inspections: The USDA wants to change how it inspects poultry, focusing on microbial testing. Critics say the move could pose serious public health risks," *Business Week*, February 6, 2008, http://www.busi nessweek. com/bwdaily/dnflash/content/feb2008/db2008025_760284 .html (accessed July 11, 2009); Report to Congressional Requesters, "Food Safety — Risk-Based Inspections and Microbial Monitoring Needed for Meat and Poultry," Meat and Poultry Inspection, May 1994, http://fedbbs.access.gpo.gov/library/gao_rpts/rc94110.txt (accessed July 11, 2009).

62. Scott Bronstein, "A Journal-Constitution Special Report — Chicken: How Safe? First of Two Parts," *Atlanta Journal-Constitution*, May 26, 1991.

63. R. Behar and M. Kramer, "Something Smells Foul," Time, October 17, 1994, http:// www.time.com/time/magazine/article/0,9171,981629-3,00.html (accessed July 6, 2009).

64. Smith De Waal, "Playing Chicken." Also see: Eisnitz, *Slaughterhouse*, 168.

65. Russell and others, "Zero tolerance for salmonella raises questions."

66. Behar and Kramer, "Something Smells Foul."

67. 同上。

68. 同上。

69. "USDA Rule on Retained Water in Meat and Poultry," Food Safety and Inspection Service, April 2001, http://www.fsis.usda.gov/oa/background/waterretention.htm. See also: Behar and Kramer, "Something Smells Foul."

70. "Retained Water in Raw Meat and Poultry Products; Poultry Chilling Requirements," *Federal Register* 66 no. 6 (January 9, 2001), http://www.fsis.usda.gov/OPPDE/rdad/ FRPubs/97-054F.html (accessed July 21, 2009).

71. 同上。

72. L. L. Young and D. P. Smith, "Moisture retention by water- and air-chilled chicken broilers during processing and cutup operations," *Poultry Science* 83, no. 1 (2004): 119–122, http://ps.fass.org/cgi/content/abstract/83/l/119 (accessed July 21, 2009); "Water in Meat and Poultry," Food Safety and Inspection Service, August 6, 2007, http://www.fsis.usda.gov/Factsheets/Water_in_Meats/index.asp (accessed July 21, 2009); "Title 9— Animals and Animal Products," U.S. Government Printing Office, January 1, 2003, http://frweb gate.access.gpo.gov/cgi-bin/get-cfr.cgi?TITLE=9&PART =424&SECTION=21&TYPE=TEXT&YEAR=2003 (accessed July 21, 2009).

73. Behar and Kramer, "Something Smells Foul."

74. 每年屠宰的肉鸡数量来自联合国粮农组织的最新统计。http://faostat.fao.org/site/569/ DesktopDefault.aspx?PageID=569#ancor.

75. W. Boyd and M. Watts, "Agro-Industrial Just-in-Time: The Chicken Industry and Postwar American Capitalism," in *Globalising Food: Agrarian Questions and Global*

Restructuring, edited by D. Goodman and M. Watts (London:Routledge, 1997), 192–193.

76. Agricultural Statistics Board, "Poultry slaughter: 2008 annual summary," Table: Poultry Slaughtered: Number, Live Weight, and Average Live Weight by Type, United States, 2008 and 2007 Total (continued), 2, U.S. Department of Agriculture, National Agricultural Statistics Service, February 2009, http://usda.mannlib.cornell.edu/usda/current/PoulSlauSu/PoulSlauSu-02-25-2009.pdf (accessed July 9, 2009).

77. Douglas Harper, Online Etymological Dictionary, November 2001, http://www.etymonline.com/index .php?search=influenzA&searchmode=none (accessed September 9, 2009); Oxford English Dictionary entry for "influenza."

78. 据联合国粮农组织的数据，全世界有近12亿只猪，其中一半为圈养。(http://faostat.fao.org/site/569/DesktopDefault.aspx?PageID=569#ancor) FAO, "Livestock Policy Brief 01: Responding to the 'Livestock Revolution,' " ftp://ftp.fao.org/docrep/fao/010/a0260e/a0260e00.pdf (accessed July 28, 2009).

79. 根据泛美卫生组织的定义，人畜共患病是指"任何能够自然地'从脊椎动物传染给人类'的疾病和（或）感染"。World Health Organization, "Zoonoses and Veterinary Public Health (VPH)," http://www.who.int/zoonoses/en/ (accessed July 8, 2009).

80. Buzby and others, "Bacterial Foodborne Disease," 3.

81. Gardiner Harris, "Poultry Is No.1 Source of Outbreaks, Report Says," *New York Times*, June 11, 2009, http://www.nytimes.com/2009/06/12/health/research/12cdc.html (accessed July 21, 2009).

82. "Dirty Birds: Even Premium Chickens Harbor Dangerous Bacteria," 21.

83. "Preliminary Foodnet Data on the Incidence of Foodborne Illnesses— Selected Sites, United States, 2001," Centers for Disease Control, *MMWR* 51, no. 15 (April 19, 2002): 325–329, http://www.cdc.gov/mmwr/preview/mmwrhtml/mm5115a3.htm (accessed August 16, 2009).

84. 业界数据来自美国动物卫生研究所，《纽约时报》描述为"位于华盛顿特区的贸易机构，代表31种兽医药物制造商"。Denise Grady, "Scientists See Higher Use of Antibiotics on Farms," *New York Times*, January 8, 2001, http://www.nytimes.com/2001/01/08/us/scientists-see-higher-use-of-antibiotics-on- farms.html (accessed July 6, 2009).

85. "Hogging It! Estimates of Antimicrobial Abuse in Livestock," Union of Concerned Scientists, April 7, 2004, http://www.ucsusa.org/food_and_agriculture/science_and_impacts/impacts_industrial_agric-it-estimates-of .html (accessed July 21, 2009).

86. 同上。

87. Marian Burros, "Poultry Industry Quietly Cuts Back on Antibiotic Use," *New York Times*, February 10, 2002, http://www.nytimes.com/2002/02/10/national/10CHIC.html (accessed July 6, 2009).

88. K. Smith and others, "Quinolone-Resistant *Campylobacter jejuni* Infections in Minnesota, 1992–1998," *New England Journal of Medicine* 340, no. 20 (1999): 1525, http://content.nejm.org/content/vol340/issue20/index.dtl (accessed July 10, 2009).

89. Humane Society of the United States, "An HSUS Report: Human Health Implications of Non-Therapeutic Antibiotic Use in Animal Agriculture," *Farm Animal Welfare* http://www.hsus.org/web-files/PDF/farm/HSUS-Human-Health-Report-on-Antibiotics-in-Animal-Agriculture.pdf (accessed September 14, 2009).

90. "Low-Level Use of Antibiotics in Livestock and Poultry," FMI Backgrounder, Food Marketing Institute, https://www.schoolnotes.com/files/chelseynl/antibiotics.pdf (accessed August 5, 2009)

91. "An HSUS Report: Human Health Implications of Non- Therapeutic Antibiotic Use in Animal Agriculture." Also see this article for an early interpretation of CDC data: "Infections in the United States," *New England Journal of Medicine* 338 (1998): 1333–1338, http://www.cdc.gov/enterics/publications/135- k_glynnMDR_salmoNEJM1998.pdf.

92. A. D. Anderson and others, "Public Health Consequences of Use of Antimicrobial Agents in Food Animals in the United States," *Microbial Drug Resistance* 9, no. 4 (2003), http://www .cdc.gov/enterics/publications/2_a_anderson_2003.pdf.

93. 同上。

94. *Report of the WHO, FAO, OIE Joint Consultation on Emerging Zoonotic Diseases: In collaboration with the Health Council of the Neatherlands*, World Health Organization, Food and Agriculture Organization of the United Nations, World Organization for Animal Health, Geneva, Switzerland, May 3–5, 2004, whqlibdoc.who.int/hq/2004/WHO_CDS_CPE_ZFK_2004.9.pdf (accessed August 16, 2009).

95. 同上。

96. 同上。

97. "Global Risks of Infectious Animal Diseases," Issue Paper, Council for Agricultural Science and Technology (CAST), no. 28, 2005, 6, http://www.cast-science.org/publicationDetails.asp?idProduct=69 (accessed July 9, 2009).

98. Michael Greger, *Bird Flu* (Herndon, VA: Lantern Books, 2006), 183–213.

99. "Global Risks of Infectious Animal Diseases," 6.

100. V. Trifonov and others, "The origin of the recent swine influenza A (H1N1) virus infecting humans," *Eurosurveillance* 14, no. 17 (2009), http://www.eurosurveillance.org/images/dynamic/EE/V14N17/art19193.pdf (accessed July 16, 2009). Also see: Debora MacKenzie, "Swine Flu: The Predictable Pandemic?" New Scientist, 2706 (April 29, 2009), http://www.newscientist.com/article/mg20227063.800-swine-flu-the-predictable-pandemic.html?full=true (accessed July 10, 2009).

101. "Leading Causes of Death," Centers for Disease Control and Prevention, http://www.cdc.gov/nchs/FASTATS/ lcod.htm (accessed August 16, 2009).

102. "ADA: Who We Are, What We Do," *American Dietetic Association*, 2009, http://www.eatright.org/cps/rde/xchg/ada/hs.xsl/home_404_ENU_HTML.htm (accessed July 6, 2009).

103. "Vegetarian Diets," *American Dietetic Association* 109, no. 7 (July 2009): 1266–1282, http://eatright.org/cps/rde/xchg/ada/hs.xsl/advocacy_933_ENU_HTML.htm (accessed August 16, 2009).

104. 同上。

105. 同上。

106. "The Protein Myth," Physicians Committee for Responsible Medicine, http://www.pcrm.org/health/veginfo/vsk/protein_myth.html (accessed July 16, 2009). 一位运动营养专家也表示："应当避免过量蛋白质，因为它可能损害正常的生理功能，从而影响健康……同样，已经有证据显示，蛋白质的过量分解和排泄会增加尿液中的钙损失。女性由于骨密度低易患骨质疏松症，摄入过高蛋白质会进一步损害其骨骼健康。某些高蛋白饮食还可能增加患冠状动脉疾病的风险……最后，过量的蛋白质摄入通常被认为与肾功能障碍有关。" J. R. Berning and S. N. Steen, *Nutrition for Sport and Exercise*, 2nd ed. (Sudbury, MA: Jones & Bartlett, 2005), 55.

107. "Vegetarian Diets," 1266–1282.

108. "LCWK9. Deaths, percent of total deaths, and death rates for the 15 leading causes of death: United States and each state, 2006," Centers for Disease Control and Prevention, http://www.cdc.gov/nchs/data/dvs/LCWK9_2006.pdf (accessed August 16, 2009).

109. 同上。

110. "About Us," Dairy Management Inc., 2009, http://www.dairycheckoff.com/DairyCheckoff/AboutUs/About-Us (accessed July 16, 2009); "About Us," National Dairy Council, 2009, http://www.nationaldairycouncil.org/nationaldairycouncil/aboutus (accessed July 16, 2009).

111. 例如，国家乳品理事会积极向非裔美国人推广奶制品，尽管这一群体中有70%的人乳糖不耐受。"Support Grows for PCRM's Challenge to Dietary Guidelines Bias," *PCRM Magazine*, 1999, http://www.pcrm.org/magazine/GM99Summer/GM99Summer9 .html (accessed July 16, 2009).

112. P. Imperato and G. Mitchell, *Acceptable Risks* (New York: Viking, 1985), 65; John Robbins, *Diet for a New America* (Tiburon, CA: HJ Kramer Publishing, 1998), 237–238.

113. For the start of ADA, see: "American Dietetic Association," National Health Information Center, February 7, 2007, http://www.healthfinder.gov/orgs/hr1846.htm

(accessed July 16, 2009). For the USDA tasks, see: Marion Nestle, *Food Politics: How the Food Industry Influences Nutrition, and Health* (Berkeley: University of California Press, 2007), 33, 34.

114. "The Surgeon General's Report on Nutrition and Health 1988," edited by Marion Nestle, Office of the Surgeon General and United States Department of Health and Human Services Nutrition Policy Board (United States Public Health Service, 1988), http://profiles.nlm.nih.gov/NN/B/C/Q/G/ (accessed July 8, 2009).

115. Nestle, *Food Politics*, 361.

116. 同上，xiii.

117. Marion Nestle, *What to Eat* (New York: North Point Press, 2007), 73.

118. 同上，74.

119. "来自食品公司的压力让政府官员和营养学专家在制定饮食指南时，用委婉隐晦的语言回避'少吃'这一说法。只有认真阅读、诠释和分析才能还原其真实含义。" Nestle, *Food Politics*, 67.

120. Erik Marcus, *Meat Market: Animals, Ethics, and Money* (Cupertino, CA: Brio Press, 2005), 100.

121. 同上。

122. Economic Research Service, USDA, "Recent Trends in Poultry Supply and Demand," in *India's Poultry Sector: Development and Prospects/WRS-04-03*, http://www.ers.usda.gov/publications/WRS0403/WRS0403c.pdf (accessed August 12, 2009).

123. 根据美国农业部、美国人口普查办公室和联合国粮农组织的数据计算。感谢诺姆·莫尔的帮助。

天堂与粪便

1. 见本书第 28 页。

2. Gail A. Eisnitz, *Slaughterhouse: The Shocking Story of Greed, Neglect, and Inhumane Treatment Inside the U.S. Meat Industry* (Amherst, NY: Prometheus Books, 2006), 189.

3. 同上，196。

4. 根据由美国肉类协会背书的肉制品行业标准，80% 的一次击倒率偏低。但马里奥是临时被问到而提供的数据，也没有解释是如何计算出来的。如果按照坦普·葛兰汀制定的标准测量，他的工厂的实际成功率有可能更高。

5. L. R. Walker, *Ecosystems of Disturbed Ground* (New York: Elsevier Science, 1999), 442.

6. "Family Suidae; hogs and pigs," University of Michigan Museum of Zoology, 2008, http://animaldiversity.ummz.umich.edu/site/accounts/information/Suidae.html (accessed July 17, 2009).

7. U.S. Department of Agriculture, "Swine 2006, Part I: Reference of swine health and

management practices in the United States," October 2007, http://www.aphis.usda .gov/ vs/ceah/ncahs/nahms/swine/swine2006/Swine2006_PartI.pdf (accessed August 17, 2009).

8. Madonna Benjamin, "Pig Trucking and Handling: Stress and Fatigued Pig," *Advances in Pork Production*, 2005, http://www.afac.ab.ca/careinfo/transport/ articles/05benjamin.pdf (accessed July 26, 2009); E. A. Pajor and others, "The Effect of Selection for Lean Growth on Swine Behavior and Welfare," Purdue University Swine Day, 2000, www.ansc.purdue.edu/swine/swineday/sday00/1.pdf (accessed July 12, 2009); Temple Grandin, "Solving livestock handling problems," *Veterinary Medicine*, October 1994, 989– 998, http://www.grandin.com/references/solv.lvstk. probs.html (accessed July 26, 2009).

9. Steve W. Martinez and Kelly Zering, "Pork Quality and the Role of Market Organization/AER-835," Economic Research Service/USDA, November 2004, http:// www.ers .usda.gov/Publications/aer835/aer835c.pdf (accessed August 17, 2009).

10. Nathanael Johnson, "The Making of the Modern Pig," *Harper's Magazine*, May 2006, http://www.harpers.org/archive/2006/05/0081030 (accessed July 26, 2009).

11. Martinez and Zering, "Pork Quality and the Role of Market Organization/AER-835." 美国肉类科学协会的这一数据后来受到一项研究的质疑，该研究认为这 15% 的猪肉大多仅符合泛白、松软和渗汁中的一项，只有 3% 具备全部三项特征。American Meat Science Association, *Proceedings of the 59th Reciprocal Meat Conference*, June 18–21, 2006, 35 http://www.meatscience.org/Pubs/rmcarchv/2006/presentations/2006 _Proceedings. pdf (accessed August 17, 2009).

12. Temple Grandin, "The Welfare of Pigs During Transport and Slaughter," Department of Animal Science, Colorado State University, http://www.grandin.com/references/pig. welfare.during.transport.slaughter.html (accessed June 16, 2009).

13. 比心脏病更常见的是业界称为"疲劳综合征"的症状，即猪"在没有明显外伤、创伤或疾病的情况下拒绝行走"。Benjamin, "Pig Trucking and Handling: Stress and Fatigued Pig."

14. Fern Shen, "Maryland Hog Farm Causing Quite a Stink," Washington Post, May 23, 1999; Ronald L. Plain, "Trends in U.S. Swine Industry," U.S. Meat Export Federation Conference, September 24, 1997.

15. "Statistical Highlights of US Agriculture 1995–1996," USDA- NASS 9, http://www. nass.usda.gov/Publications/Statistical_Highlights/index.asp (accessed July 28, 2009); "Statistical Highlights of US Agriculture 2002–2003," USDA-NASS 35, http://www.nass. usda.gov/Publications/Statistical_Highlights/2003/contentl.htm (accessed July 28, 2009).

16. Leland Swenson, president, the National Farmers Union, testimony before the House

Judiciary Committee, September 12, 2000.

17. C. Dimitri and others, "The 20th Century Transformation of U.S. Agriculture and Farm Policy," USDA Economic Research Service, June 2005, http://www.ers.usda.gov/publications/eib3/eib3.htm (accessed July 15, 2009).

18. Matthew Scully, *Dominion: The Power of Man, the Suffering of Animals, and the Call to Mercy* (New York: St. Martin's Griffin, 2003), 29.

19. "About Us," USDA, Cooperative State Research, Education, and Extension Service, June 9, 2009, http://www .csrees.usda.gov/qlinks/extension.html (accessed July 15, 2009).

20. P. Gunderson and others, "The Epidemiology of Suicide Among Farm Residents or Workers in Five North-Central States, 1980," *American Journal of Preventive Medicine* 9 (May 1993): 26–32.

21. 见《祖母的故事》一章注释 2。

22. Diane Halverson, "Chipotle Mexican Grill Takes Humane Standards to the Mass Marketplace," *Animal Welfare Institute Quarterly*, Spring 2003, http://www.awionline.org/ht/d/ContentDetails/id/11861/pid/2514 (accessed August 17, 2009).

23. Danielle Nierenberg, "Happier Meals: Rethinking the Global Meat Industry," Worldwatch Paper #171, Worldwatch Institute, August 2005, 38, http://www.world watch.org/node/819 (accessed July 27, 2009); Danielle Nierenberg, "Factory Farming in the Developing World: In some critical respects this is not progress at all," Worldwatch Institute, May 2003, http://www.worldwatch.org/epublish/1/v16n3.

24. Johnson, "The Making of the Modern Pig."

25. Personal correspondence with head of Niman Ranch's pork division, Paul Willis, July 27, 2009.

26. Wendell Berry, "The Idea of a Local Economy," *Orion*, Winter 2001, http://www.organicconsumers.org/btc/berry.cfm (accessed August 17, 2009).

27. 90% 的公猪崽会被阉割。"The Use of Drugs in Food Animals: Benefits and Risks," National Academy of Sciences, 1999.

28. 约 80% 的工业化农场养殖猪会被剪掉尾巴。出处同上。

29. Dr. Allen Harper, "Piglet Processing and Swine Welfare," Virginia Tech Tidewater AREC, May 2009, http://pubs.ext.vt.edu/news/livestock/2009/05/aps-20090513.html (accessed July 17, 2009); Timothy Blackwell, "Production Practices and Well-Being: Swine," in *The Well-Being of Farm Animals*, edited by G. J. Benson and B. E. Rollin (Ames, IA: Blackwell publishing, 2004), 251.

30. 业界承认这一问题普遍存在。例如，美国国家猪肉生产商委员会和美国猪肉委员会的报告都曾提到："猪与同伴接触时，有时会试图咬或啃同伴，尤其是它们的尾巴。一旦尾巴开始滴血，攻击的猪会紧追不舍，有时会导致吞食同伴的状况。" *Swine Care*

Handbook, published by the National Pork Producers Council in cooperation with the National Pork Board, 1996, http://sanangelo.tamu.edu/ded/swine/swinecar.htm (accessed July 15, 2009). See also: *Swine Care Handbook*, published by the National Pork Producers Council in cooperation with the National Pork Board, 2003, 9–10; "Savaging of Piglets (Cannibalism)," ThePigSite.com, http://www.thepigsite.com/pighealth/article/260/savaging-of-piglets-canni balism (accessed July 27, 2009); J. McGlone and W. G. Pond, *Pig Production* (Florence, KY: Delmar Cengage Learning, 2002), 301–304; J. J. McGlone and others, "Cannibalism in Growing Pigs: Effects of Tail Docking and Housing System on Behavior, Performance and Immune Function," Texas Technical University, http://www.depts .ttu.edu/liru_afs/PDF/CANNIBALISMINGROWINGPIGS.pdf (accessed July 27, 2009); K. W. F. Jericho and T. L. Church, "Cannibalism in Pigs," *Canadian Veterinary Journal* 13, no. 7 (July 1972).

31. U. S. Department of Agriculture, "Swine 2006, Part I: Reference of swine health and management practices in the United States."

32. RSPCA, "Improvements in Farm Animal Welfare: The USA," 2007, http://www.wspa-usa.org/download/44_improvements_in_farm_animal_welfare.pdf (accessed July 27, 2009).

33. 关于如何寻找非工业化农场的动物制品，详见 FarmForward.com 。

34. Wendell Berry, *The Art of the Commonplace*, edited by Norman Wirzba (Berkeley, CA: Counterpoint, 2003), 250.

35. "CAFOs Uncovered: The Untold Costs of Confined Animal Feeding Operations," Union of Concerned Scientists, 2008, http://www.ucsusa.org/food_and_agriculture/science_and_impacts/impacts_industrial_agric-uncovered.html (accessed July 27, 2009).

36. USDA, Economic Research Service, "Manure Use for Fertilizer and Energy: Report to Congress," June 2009, https://www.ers.usda.gov/webdocs/publications/42731/9428_ap037_1_.pdf?v=41055 (accessed August 17, 2009).

37. "Concentrated Animal Feeding Operations: EPA Needs More Information and a Clearly Defined Strategy to Protect Air and Water Quality from Pollutants of Concern," U.S. Government Accountability Office, 2008, http://www.gao.gov/new.items/d08944.pdf (accessed July 27, 2009).

38. Pew Commission on Industrial Farm Animal Production, "Environment," http://www .ncifap.org/issues/environment/ (accessed August 17, 2009).

39. 美国农业部引用美国参议院农业、营养和森林委员会应艾奥瓦州民主党议员汤姆 · 哈金要求提供的少数派议员的报告，据估算美国的家畜每天产生 13.7 亿吨固体排泄物。用这一数字除以每年的秒数即得出每秒 39 吨。出处同上。

40. 这一数据是由明尼苏达大学继续教育学院农业工程师约翰 · P. 查斯坦根据伊利诺伊州环境保护署 1991 年的数据计算。University of Minnesota Extension, Biosystems

and Agricultural Engineering, *Engineering Notes*, Winter 1995, http://www .bbe.umn. edu/extens/ennotes/enwin95/manure.html (accessed June 16, 2009).

41. "Concentrated Animal Feeding Operations: EPA Needs More Information and a Clearly Defined Strategy to Protect Air and Water Quality from Pollutants of Concern."

42. Smithfield, 2008 Annual Report, 15, http://investors.smithfieldfoods.com/common/ download/download.cfm?companyid=SFD&fileid=215496&filekey=CE5E396C-CF17-47B0-BAC6BBEFDDC51975&filename=2008AR.pdf (accessed July 28, 2009).

43. "Animal Waste Disposal Issues," U.S. Environmental Protection Agency, May 22, 2009, http://www.epa.gov/oig/reports/1997/hogchpl.htm (accessed July 27, 2009).

44. 据大卫·皮蒙特的一项研究，每头猪每年产生 1230 千克的粪便。 因此，史密斯菲尔德的 3100 万头生猪在 2008 年产生了约 3800 万吨的粪便。美国人口约为 2.99 亿，相当于每个美国人要分摊 127 千克猪粪。D. Pimentel and others, "Reducing Energy Inputs in the US Food System," Human *Ecology* 36, no. 4 (2008): 459–471.

45. 据 2008 年美国人口普查和"动物粪便处理问题"计算。

46. Jeff Tietz, "Boss Hog," *Rolling Stone*, July 8, 2008, http://www.rollingstone.com/ news/story/21727641/boss_hog/ (accessed July 27, 2009).

47. Francis Thicke, "CAFOs crate toxic waste byproducts," Ottumwa.com, March 23, 2009, http://www.ottumwa.com/archivesearch/local_story_082235355.html (accessed July 27, 2009).

48. Tietz, "Boss Hog."

49. Jennifer Lee, "Neighbors of Vast Hog Farms Say Foul Air Endangers Their Health," *New York Times*, May 11, 2003; Tietz, "Boss Hog."

50. Tietz, "Boss Hog."

51. 同上。用赌场面积作参照是我自己的想法，卢克索酒店和威尼斯人酒店的赌场面积均为 11000 平方米。

52. 同上。

53. Thicke, "CAFOs crate toxic waste byproducts."

54. Tietz, "Boss Hog."

55. "Overview," North Carolina in the Global Economy, August 23, 2007, http://www. soc.duke.edu/NC_GlobalEconomy/hog/overview.shtml (accessed July 27, 2009); Rob Schofield, "A Corporation Running Amok," NC Policy Watch, April 26, 2008, http:// www .ncpolicywatch.com/cms/2008/04/26/a-corporation-running-amok/ (accessed July 27, 2009).

56. "Animal Waste Disposal Issues."

57. 同上。

58. http://www.evostc.state.ak.us/facts/qanda.com; "Animal Waste Disposal Issues."

59. "The RapSheet on Animal Factories," Sierra Club, August 2002, 14, http://www.midwes-

tadvocates .org/archive/dvorakbeef/rapsheet.pdf (accessed July 27, 2009); Ellen Nakashima, "Court Fines Smithfield $12.6 Million," *Washington Post*, August 9, 1997, http://pqasb. pqarchiver.com/washingtonpost/access/13400463.html? dids=13400463:13400463&FMT=AB S&FMTS=ABS:FT&date=Aug+9% 2C+1997&author=Ellen+Nakashima&pub =The+Washi ngton+Post&edition=&startpage=A.01&desc=Court +Fines+Smithfield+% 2412.6+Million% 3B+Va.+Firm+Is+Assessed+Largest+Such+Pollution+Penalty+in+U.S.+History.

60. "The RapSheet on Animal Factories."

61. 史密斯菲尔德公司 2009 年的销售额为 125 亿美元。"Smithfield Foods Reports Fourth Quarter and Full Year Results," *PR Newswire*, June 16, 2009, http://investors.smith fieldfoods.com/releasedetail.cfm?ReleaseID=389871 (accessed July 14, 2009).

62. Compensation Resources, Inc., 2009, http://www.compensationresources.com/press-room/ceo-s -fat-checks-belie-troubled- times.php (accessed July 28, 2009).

63. Tietz, "Boss Hog."

64. 除了河流污染，工业化农场还与 17 个州的地下水污染有关。Sierra Club, "Clean Water and Factory Farms," http://www.sierraclub.org/factoryfarms/ (August 19, 2009).

65. Merritt Frey et al., "Spills and Kills: Manure Pollution and America's Livestock Feedlots," Clean Water Network, Izaak Walton League of America and Natural Resources Defense Council, August 2000, 1, as cited in Sierra Club, "Clean Water: That Stinks," http://www. sierraclub.org/cleanwater/that_stinks (August 19, 2009).

66. 按照每条鱼身长约 6 英寸（15.24 厘米）计算。

67. "An HSUS Report: The Impact of Industrial Animal Agriculture on Rural Communities," http://www.hsus.org/web-files/PDF/farm/hsus-the- impact-of-industrialized-animal -agriculture-on-rural-communities.pdf (accessed August 19, 2009).

68. "Confined Animal Facilities in California," California State Senate, November 2004, https://sor.senate.ca.gov/sites/sor.senate.ca.gov/files/%7BD51D1D55-1B1F-4268-80CC-C636EE939A06%7D.pdf (accessed July 28, 2009).

69. Nicholas Kristof, "Our Pigs, Our Food, Our Health," *New York Times*, March 11, 2009, http://www.nytimes.com/2009/03/12/opinion/12kristof.html? _ r=3&adxnnl=1&adxnnlx=1250701592-DDwvJ/Oilp86iJ6xqYVYLQ (accessed August 18, 2009).

70. "Policy Statement Database: Precautionary Moratorium on New Concentrated Animal Feed Operations," American Public Health Association, November 18, 2003, www. apha.org/advocacy/policy/policysearch/default.htm? id=1243 (accessed July 26, 2009).

71. Pew Charitable Trusts, Johns Hopkins Bloomberg School of Public Health, and Pew Commission on Industrial Animal Production, "Putting Meat on the Table: Industrial Farm Animal Production in America," 2008, 84, http://www.ncifap.org/_images/

PCIFAP Final Release PCIFAP.pdf (accessed June 18, 2008).

72. Romania: D. Carvajal and S. Castle, "A U.S. Hog Giant Transforms Eastern Europe," *New York Times*, May 5, 2009, http://www.nytimes.com/2009/05/06/business/global/06smithfield.html (accessed July 27, 2009).

73. "Joseph W. Luter III," Forbes.com, http://www.forbes.com/lists/2006/12/UQDU.html (accessed July 27, 2009).

74. 这一姓氏发音来自约瑟夫·鲁特的私人电话留言。但他没有回电，之后我也无法再联系上他。

75. 据我所知，美国没有一家工业化农场或屠宰场同意毫无保留地披露由动物福利审查机构独立暗访所取得的信息。

76. 善待动物组织（PETA）的调查员记录。"Belcross Farms Investigation," GoVeg.com, http://www.goveg.com/belcross.asp (accessed July 27, 2009).

77. 善待动物组织（PETA）的调查员记录。"Seaboard Farms Investigation," GoVeg.com, http://www.goveg.com/seaboard.asp (accessed July 27, 2009).

78. "Attorney General Asked to Prosecute Rosebud Hog Factory Operators," Humane Farming Association (HFA), http://hfa.org/campaigns/rosebud.html (accessed July 17, 2009).

79. 善待动物组织（PETA）的调查员记录。"Tyson Workers Torturing Birds, Urinating on Slaughter Line," PETA, http://getactive.peta.org/campaign/tortured_by_tyson (accessed July 27, 2009).

80. 善待动物组织（PETA）的调查员记录。"Thousands of Chickens Tortured by KFC Supplier," Kentucky Fried Cruelty, PETA, http://www.kentuckyfriedcruelty.com/u-pilgrimspride.asp (accessed July 27, 2009).

81. 皮尔格林普拉德后来破产。但这并不能算我们的胜利，相反由于竞争减少，权力会进一步集中在收购皮尔格林普拉德资产的其他巨头手中。Michael J. de la Merced, "Major Poultry Producer Files for Bankruptcy Protection," *New York Times*, December 1, 2008 http://www .nytimes.com/2008/12/02/business/02pilgrim.html (accessed July 13, 2009).

82. "Top Broiler Producing Companies: Mid- 2008," National Chicken Council, http://www.nationalchickencouncil.com/statistics/stat_detail.cfm?id=31 (accessed July 17, 2009).

83. F. Hollowell and D. Lee, "Management Tips for Reducing Pre-weaning Mortality," *North Carolina Cooperative Extension Service Swine News* 25, no. 1 (February 2002), http://www .ncsu.edu/project/swine_extension/swine_news/2002/sn_v2501.htm (accessed July 28, 2009).

84. Blackwell, "Production Practices and Well-Being: Swine," 249; SwineReproNet Staff, "Swine Reproduction Papers; Inducing Farrowing," SwineReproNet, Online Resource

for the Pork Industry, University of Illinois Extenstion, available at http://www. livestocktrail.uiuc.edu/swinerepronet/paperDisplay.cfm? ContentID=6264 (accessed July 17, 2009).

85. Marlene Halverson, "The Price We Pay for Corporate Hogs," Institute for Agriculture and Trade Policy, July 2000, http://www.iatp.org/hogreport/indextoc.html (accessed July 27, 2009).

86. U. S. Department of Agriculture, "Swine 2006, Part I: Reference of swine health and management practices in the United States."

87. G. R. Spencer, "Animal model of human disease: Pregnancy and lactational osteoporosis; Animal model: Porcine lactational osteoporosis," *American Journal of Pathology* 95 (1979): 277–280; J. N. Marchent and D. M. Broom, "Effects of dry sow housing conditions on muscle weight and bone strength," Animal Science 62 (1996): 105–113, as cited in Blackwell, "Production Practices and Well-Being: Swine," 242.

88. "Cruel Conditions at a Nebraska Pig Farm," GoVeg.com, http://www.goveg.com/ nebraskapigfarm.asp (accessed July 28, 2009)

89. Blackwell, "Production Practices and Well-Being: Swine," 242.

90. 同上，247。

91. "Sow Housing," Texas Tech University Pork Industry Institute, http://www.depts.ttu. edu/porkindustryinsti tute/SowHousing_files/sow_housing.htm (accessed July 15, 2009); Jim Mason, *Animal Factories* (New York: Three Rivers Press, 1990), 10.

92. D. C. Coats and M. W. Fox, *Old McDonald's Factory Farm: The Myth of the Traditional Farm and the Shocking Truth About Animal Suffering in Today's Agribusiness* (London: Continuum International Publishing Group, 1989), 37.

93. Blackwell, "Production Practices and Well-Being: Swine," 242.

94. 约 90% 的待产母猪都会被关在笼子里。U.S. Department of Agriculture, "Swine 2006, Part I: Reference of swine health and management practices in the United States."

95. Eisnitz, *Slaughterhouse*, 219.

96. 同上。

97. 感谢动物福祉专家戴安和马琳·哈弗森的分析，是她们指出了为何工业化农场中的母猪比家庭农场中的更容易压死自己的幼崽。

98. "The Welfare of Intensively Kept Pigs," *Report of the Scientific Veterinary Committee*, September 30, 1997, Section 5.2.11, Section 5.2.2, Section 5.2.7, https://ec.europa. eu/food/sites/food/files/animals/docs/aw_arch_1997_intensively_kept_pigs_en.pdf (accessed July 17, 2009).

99. Cindy Wood, "Don't Ignore Feet and Leg Soundness in Pigs," *Virginia Cooperative Extension*, June 2001, http://www.ext.vt.edu/news/periodicals/livestock/aps-01_06/ aps-0375 .html.

100. Ken Stalder, "Getting a Handle on Sow Herd Dropout Rates," *National Hog Farmer*, January 15, 2001, http://nationalhogfarmer.com/mag/farming_getting_handle_sow/.

101. Keith Wilson, "Sow Mortality Frustrates Experts," *National Hog Farmer*, June 15, 2001, http://nationalhogfarmer.com/mag/farming_sow_mortality_frustrates/ (accessed July 27, 2009); Halverson, "The Price We Pay for Corporate Hogs."

102. A. J. Zanella and O. Duran, "Pig Welfare During Loading and Transport: A North American Perspective," I Conferencia Vitrual Internacional Sobre Qualidade de Carne Suina, November 16, 2000.

103. Blackwell, "Production Practices and Well-Being: Swine," 253.

104. Halverson, "The Price We Pay for Corporate Hogs."

105. "Congenital defects," PigProgress .net, 2009, http://www.pigprogress.net/health-diseases/c/congenital -defects-17.html (accessed July 17, 2009); B. Rischkowsky and others, "The State of the World's Animal Genetic Resources for Food and Agriculture," FAO, Rome, 2007, 402, http://www.fao.org/docrep/010/a1250e/a1250e00.htm (accessed July 27, 2009); "Quick Disease Guide," ThePigSite.com, http://www.thepigsite.com/diseaseinfo (accessed July 27, 2009).

106. Blackwell, "Production Practices and Well-Being: Swine," 251.

107. 见本书第 147 页。

108. "猪崽出生时长有 8 颗发育完全的‘针牙’——侧门齿和犬牙，它们在抢奶喝时会从侧面咬伤同伴的面部。" D. M. Weary and D. Fraser, "Partial tooth-clippings of suckling pigs: Effects on neonatal competition and facial injuries," *Applied Animal Behavior Science* 65 (1999): 22.

109. James Serpell, *In the Company of Animals* (Cambridge: Cambridge University Press, 2008), 9.

110. Blackwell, "Production Practices and Well-Being: Swine," 251.

111. J. L. Xue and G. D. Dial, "Raising intact male pigs for meat: Detecting and preventing boar taint," American Association of Swine Practitioners, 1997, http://www.aasp.org/shap/issues/v5n4/v5n4p151.html (accessed July 17, 2009).

112. Hollowell and Lee, "Management Tips for Reducing Pre-weaning Mortality."

113. "Pork Glossary," U.S. Environmental Protection Agency, September 11, 2007, http://www.epa.gov/oecaagct/ag101/porkglossary.html (accessed July 27, 2009).

114. K. J. Touchette and others, "Effect of spray-dried plasma and lipopolysaccharide exposure on weaned piglets: I. Effects on the immune axis of weaned pigs," *Journal of Animal Science* 80 (2002): 494–501.

115. P. Jensen, "Observations on the Maternal Behavior of Free-Ranging Domestic Pigs," *Applied Animal Behavior Science* 16 (1968): 131–142.

116. Blackwell, "Production Practices and Well-Being: Swine," 250–251.

117. L. Y. Yue and S. Y. Qiao, "Effects of low-protein diets supplemented with crystalline amino acids on performance and intestinal development in piglets over the first 2 weeks after weaning," Livestock Science 115 (2008): 144–152; J. P. Lallès and others, "Gut function and dysfunction in young pigs: Physiology," *Animal Research* 53 (2004): 301– 316.

118. "Overcrowding Pigs Pays — if It's Managed Properly," *National Hog Farmer*, November 15, 1993, as cited in Michael Greger, "Swine Flu and Factory Farms: Fast Track to Disaster," *Encyclopaedia Britannica's* Advocacy for Animals, May 4, 2009, http://advocacy.britannica.com/blog/advocacy/2009/05/swine -flu-and-factory-farms-fast-track-to-disaster/ (accessed August 5, 2009).

119. Eisnitz, *Slaughterhouse*, 220.

120. L. K. Clark, "Swine respiratory disease," IPVS Special Report, B Pharmacia & Upjohn Animal Health, November–December 1998, *Swine Practitioner*, Section B, P6, P7, as cited in Halverson, "The Price We Pay for Corporate Hogs."

121. R. J. Webby and others, "Evolution of swine H3N2 influenza viruses in the United States," *Journal of Virology* 74 (2000): 8243–8251.

122. R. L. Naylor and others, "Effects of aquaculture on world fish supplies," *Issues in Ecology*, no. 8 (Winter 2001): 1018.

123. 同上。

124. S. M. Stead and L. Laird, *Handbook of Salmon Farming* (New York: Springer, 2002), 374–375.

125. Philip Lymbery, "In Too Deep — Why Fish Farming Needs Urgent Welfare Reform," 2002, 1, http://www.ciwf.org.uk/includes/documents/cm_docs/2008/i/in_too_deep_summary_2001.pdf (accessed August 12, 2009).

126. Stead and Laird, Handbook of Salmon Farming, 375.

127. "Fish Farms: Underwater Factories," Fishing Hurts, peta.org, http://www.fishinghurts.com/fishFarms1.asp (accessed July 27, 2009).

128. University of Alberta study, as cited in "Farm sea lice plague wild salmon," *BBC News*, March 29, 2005, http://news.bbc.co.uk/go/pr/fr/-/2/hi/science/nature/4391711.stm (accessed July 27, 2009).

129. Lymbery, "In Too Deep," 1.

130. 这是杀三文鱼的常用方法。参见 Stead and Laird, *Handbook of Salmon Farming*, 188.

131. 切除活鱼的鳃不仅是对鱼的折磨, 而且很难操作。因此, 有些工厂会在切除鱼鳃之前让鱼丧失意识 (或至少无法动弹)。主要有两种方法: 敲击鱼的头部和二氧化碳麻醉。前一种方法被称为 "致晕敲击", 据《三文鱼养殖手册》, 要在 "挣扎的鱼身上准确实施敲击需要高超的技巧"。敲在错误的地方只会让鱼白白遭受疼痛, 而意识依然清晰。由于这种方法准确度不高, 因此有大量的鱼在被切除鱼鳃时仍是清醒的。另一种方法是用二氧化碳当麻醉剂，鱼会被放入充满二氧化碳的缸中，几分钟后会失去意识。这个方法的问题是转运过程中的不便，以及不能有效地让所有鱼都丧失意识。 Stead and Laird, *Handbook of Salmon Farming*, 374–375.

132. "Longline Bycatch," AIDA, 2007, http://www.aida- americas.org/aida.php?page=turtles. bycatch_longline (accessed July 28, 2009).

133. 同上。

134. "Pillaging the Pacific," Sea Turtle Restoration Project, 2004, http://www.seaturtles. org/downloads/Pillaging.5.final.pdf (accessed August 19, 2009).

135. "Squandering the Seas: How shrimp trawling is threatening ecological integrity and food security around the world," Environmental Justice Foundation, London, 2003, 8.

136. 同上。

137. 同上，14。

138. 同上，11。

139. 同上，12。

140. 同上。

141. 见《孩子的启发》一章注释 30。

142. Daniel Pauly et al., "Fishing Down Marine Food Webs," *Science* 279 (1998): 860.

143. P. J. Ashley, "Fish welfare: Current issues in aquaculture," *Applied Animal Behaviour Science* 200, no. 104 (2007): 199–235, 210.

144. Lymbery, "In Too Deep."

145. Kenneth R. Weiss, "Fish Farms Become Feedlots of the Sea," *Los Angeles Times*, December 9, 2002, http://www.latimes.com/la-me- salmon9dec09,0,7675555,full. story (accessed July 27, 2009).

146. 有人会问我们如何能知道鱼类及其他海洋生物是否有痛觉。我们至少可以肯定鱼类能感受到疼痛。比较解剖学发现鱼有大量与意识感知有关的解剖结构和神经系统，此外还有大量疼痛受体，正是这些感觉神经元将疼痛以信号的方式传递给大脑。我们还知道鱼能够分泌内啡肽等天然阿片物质，人类神经系统也是以此来控制疼痛。鱼还会表现出"疼痛行为"。我小时候第一次跟祖父去钓鱼时就观察到了，我认识的钓鱼爱好者也都不否认这点，只不过大部分人不会放到心上。大卫·福斯特·华莱士在反思龙虾痛觉的《想想龙虾》一文中写道："吃肉与对动物的暴力问题不仅复杂，且令人不安。至少令我，以及任何一个乐于享受美食但不愿表现得残忍或冷漠的人感到不安。我自己面对这一矛盾的方式是逃避，尽量不去想这个不愉快的问题。"接着，他详细阐述了他想逃避的不愉快情形："无论龙虾是否已不省人事，一旦被放入滚水中，它会立刻惊恐地醒过来。如果你把它从一个容器倒入热气腾腾的锅中，龙虾有时会紧紧抓住容器的边缘，甚至将钳子钩在锅上，就像一个人害怕掉下屋顶的边缘。更可怕的是将龙虾浸在水中以后。 即使你盖上锅盖转身离开，也能听到盖子吱吱嘎嘎、咣当作响，那是龙虾在试着推开它。"在华莱士和我看来，这不仅是生理上的痛苦，也是精神上的痛苦。龙虾不仅是在痛苦中挣扎——它在接触热水之前就开始为生存而战。它尝试逃离生天。你很难否认这种疯狂源于恐惧和惊慌。与鱼不同，龙虾并非脊椎动物，因此关于它们的痛觉——确切地说是一种更接近于人类的痛觉——的科学研究要比研究鱼类的痛觉更复杂。（但不少科学发现证实了我们大多人同情在沸水中挣扎的龙虾是合理的，华莱士在文章中完美地总结了这些知识。）而鱼类作为脊椎动物，具备感受疼痛的解剖学结构且表现出明显的疼痛行为，因此对它们的痛觉没有怀疑的余地。Kristopher Paul Chandroo, Stephanie Yue, and Richard David Moccia, "An evaluation of current perspectives on consciousness and pain in fishes," *Fish and Fisheries* 5 (2004): 281–295; Lynne U. Sneddon, Victoria A. Braithwaite, and Michael J. Gentle, "Do Fishes Have Nociceptors? Evidence for the Evolution of a Vertebrate Sensory System," *Proceedings: Biological Sciences*. 270, no. 1520 (June 7, 2003): 1115–1121, http://links.jstor.org/sici?sici=0962-8452%2820030607%29270%3A1520%3C1115%3ADFHNEF%3E2.0.CO%3B2-O (accessed August 19, 2009); David Foster Wallace, "Consider the Lobster," in *Consider the Lobster* (New York: Little, Brown, 2005), 248.

我愿意

1. 见《祖母的故事》一章注释 2。
2. Patricia Leigh Brown, "Bolinas Journal; Welcome to Bolinas: Please Keep on Moving," *New York Times*, July 9, 2000, http://query.nytimes.com/gst/fullpage.html? res=980D E0DA1438F93AA35754C0A9669C8B63 (accessed July 28, 2009).
3. 布鲁斯·弗雷德里希根据美国政府和相关论文提供的数据计算。
4. Grant Ferrett, "Biofuels' crime against humanity," *BBC News*, October 27, 2007, http://news.bbc.co.uk/2/hi/americas/7065061.stm (accessed July 28,2009).
5. "Global cereal supply and demand brief," FAO, April 2008, http://www.fao.org/docrep/010/ai465e/ai465e04.htm (accessed July 28, 2009).
6. "New Data Show 1.4 Billion Live on Less Than US$1.25 a Day," World Bank, August 26, 2008, http://web.worldbank.org/WBSITE/EXTERNAL/TOPICS/EXTPOVERTY/0, contentMDK:21883042~menuPK:2643747~pagePK:64020865~piPK:149114~theSite PK:3369 (accessed July 28, 2009); Peter Singer, *The Life You Can Save: Acting Now to End World Poverty* (New York: Random House, 2009), 122.
7. Singer, *The Life You Can Save*, 122.
8. Dr. R. K. Pachauri, Blog, June 15, 2009, www.rkpachauri.org (accessed July 28, 2009).
9. 布鲁斯·弗雷德里希引用了查尔斯·达尔文的《人类的由来》："人类与高等动物在心理官能方面没有根本的区别……与人类一样，低等动物能够清楚地感受到愉悦与痛楚、幸福与悲惨。"参见 Bernard Rollin, *The Unheeded Cry: Animal Consciousness, Animal Pain, and Science* (New York: Oxford University Press, 1989), 33.

10. Temple Grandin and Catherine Johnson, *Animals Make Us Human* (Boston: Houghton Mifflin Harcourt, 2009); Temple Grandin and Catherine Johnson, *Animals in Translation* (Fort Washington, PA: Harvest Books, 2006); Marc Bekoff, *The Emotional Lives of Animals* (Novato, CA: New World Library, 2008).

11. Isaac Bashevis Singer, *Enemies, a Love Story* (New York: Farrar, Straus and Giroux, 1988), 145.

12. 布鲁斯·弗雷德里希与迈克尔·波伦的私人通信（2009 年 7 月）。艾里克·施洛瑟在电影《食品公司》中吃了一个含有工业化农场肉制品的汉堡包。

13. D. Pimentel and M. Pimentel, *Food, Energy and Society*, 3rd ed. (Florence, KY: CRC Press, 2008), 57.

14. 同上。

15. 耕地会破坏自然植被的根部结构，使土地易受风与水侵蚀，这是美国土地营养流失的首要原因。在表层土壤很薄的山区种植庄稼尤其具有破坏性。与此同时这些土地很适合放牧，在管理得当的情况下还能够改善表土和植被状况。

16. 私人通信。

17. B. Niman and J. Fletcher, *Niman Ranch Cookbook* (New York: Ten Speed Press, 2008), 37.

18. G. Mitchell and others, "Stress in cattle assessed after handling, after transport and after slaughter," *Veterinary Record* 123, no. 8 (1988): 201–205, http://veterinaryrecord. bvapub lications.com/cgi/content/abstract/123/8/201 (accessed July 28, 2009).

19. 同上，"The Welfare of Cattle in Beef Production," *Farm Sanctuary*, 2006, http://www. farmsanctuary.org/mediacenter/beef_report.html (accessed July 28, 2009).

20. 牛能够辨识多达 70 个同伴，公牛与母牛会建立起各自的等级体系（母牛的更为稳固），它们会与特定伙伴维持友好关系，同时与其他牛为敌。牛群会根据"社交吸引力"和对土地与资源的知识"选举"出头领。有些牛会紧紧跟随头领，有些则更为独立（或不守秩序），只有一半时间会追随头领。"Stop, Look, Listen: Recognising the Sentience of Farm Animals," Compassion in World Farming Trust, 2006, http://www.ciwf.org.uk/includes/documents/cm_docs/2008/s/stop_look_listen_2006.pdf (accessed July 28, 2009); M. F. Bouissou and others, "The Social Behaviour of Cattle," in Social Behaviour in Farm Animals, edited by L. J. Keeling and H. W. Gonyou (Oxford: CABI Publishing, 2001); A. F. Fraser and D. M. Broom, Farm Animal Behaviour and Welfare (Oxford: CABI Publishing, 1997); D. Wood-Gush, Elements of Ethology; A Textbook of Agricultural and Veterinary Students (New York: Springer, 1983); P. K. Rout and others, "Studies on behavioural patterns in Jamunapari goats," Small Ruminant Research 43, no. 2 (2002): 185–188; P. T. Greenwood and L. R. Rittenhouse,

"Feeding area selection: The leader-follower phenomena," Proc. West. Sect. Am. Soc. Anim. Sci. 48 (1997): 267–269; B. Dumont and others, "Consistency of animal order in spontaneous group movements allows the measurement of leadership in a group of grazing heifers," Applied Animal Behaviour Science 95, no. 1–2 (2005): 55–66 (page 64 specifically); V. Reinhardt, "Movement orders and leadership in a semi-wild cattle herd," *Behaviour* 83 (1983): 251– 264.

21. "The Welfare of Cattle in Beef Production."

22. T. G. Knowles and others, "Effects on cattle of transportation by road for up to 31 hours," *Veterinary Record* 145 (1999): 575–582.

23. Michael Pollan, The Omnivore's Dilemma (New York: Penguin, 2007), 304.

24. 同上，304-305。

25. 同上，84。

26. B. R. Myers, "Hard to Swallow," *Atlantic Monthly*; September 2007, www.theatlantic.com/doc/200709/omnivore (accessed September 10, 2009).

27. Gail A. Eisnitz, *Slaughterhouse: The Shocking Story of Greed, Neglect, and Inhumane Treatment Inside the U.S. Meat Industry* (Amherst, NY: Prometheus Books, 2006), 122.

28. Joby Warrick, "They Die Piece by Piece," *Washington Post*, April 10, 2001; Sholom Mordechai Rubashkin, "Rubashkin's response to the 'attack on Shechita,' " shmais.com, December 7, 2004, http://www.shmais.com/jnewsdetail.cfm? ID=148 (accessed November 28, 2007).

29. Temple Grandin, "Survey of Stunning and Handling in Federally Inspected Beef, Veal, Pork, and Sheep Slaughter Plants," Agricultural Research Service, U.S. Department of Agriculture, Project Number 3602-32000-002-08G, http://www.grandin.com/survey/usdarpt.html (accessed August 18, 2009).

30. Warrick, "They Die Piece by Piece."

31. Temple Grandin, "2002 Update" for "Survey of Stunning and Handling in Federally Inspected Beef, Veal, Pork, and Sheep Slaughter Plants."

32. Kurt Vogel and Temple Grandin, "2008 Restaurant Animal Welfare and Humane Slaughter Audits in Federally Inspected Beef and Pork Slaughter Plants in the U.S. and Canada," Department of Animal Science, Colorado State University, http://www.grandin.com/survey/2008.restaurant.audits.html (accessed August 18, 2009).

33. Slaughterhouse worker Chris O'Day, as cited in Eisnitz, *Slaughterhouse*, 128.

34. Warrick, "They Die Piece by Piece."

35. 同上。

36. Temple Grandin, "Commentary: Behavior of Slaughter Plant and Auction Employees Toward the Animals," Anthrozoös 1, no. 4 (1988): 205–213, http://www.grandin .com/references/behavior.employees.html (accessed July 14, 2009).

37. Warrick, "They Die Piece by Piece."

38. 同上。

39. 屠宰场员工肯·波代特，引自 Eisnitz, *Slaughterhouse*, 131.

40. Warrick, "They Die Piece by Piece."

41. Monica Reynolds, "Plasma and Blood Volume in the Cow Using the T-1824 Hematocrit Method," *American Journal of Physiology* 173 (1953): 421–427.

42. 屠宰场员蒂姆西·沃克，引自 Eisnitz, *Slaughterhouse*, 28-29。

43. 屠宰场员蒂姆西·沃克，同上，29。

44. 屠宰场员工克里斯·欧戴，同上，128。

45. Humane Society of the United States, "An HSUS Report: Welfare Issues with Transport of Day-Old Chicks," Dec 3, 2008, http://www.hsus.org/farm/resources/research/practices/chick_transport.html (accessed Sept 9, 2009).

46. Humane Society of the United States, "An HSUS Report: The Welfare of Animals in the Chicken Industry," December 2, 2008, http://www.hsus.org/farm/resources/research/welfare/broiler_industry.html (accessed August 18, 2009).

47. Wendell Berry, *Citizenship Papers* (Berkeley, CA: Counterpoint, 2004), 167.

48. 美国家畜品种保护委员会对自身的定位是"致力于保护 150 多个品种的家畜和家禽免于灭绝的非营利性会员组织"。American Livestock Breeds Conservancy, 2009, http://www.albc-usa.org/ (accessed July 28, 2009).

49. M. Halverson, "Viewpoints of agricultural producers who have made ethical choices to practice a 'high welfare' approach to raising farm animals," EurSafe 2006, the 6th Congress of the European Society for Agricultural and Food Ethics, Oslo, June 22–24, 2006.

第一个感恩节

1. "The History of Thanksgiving: The First Thanksgiving," history.com, http://www.history.com/content/thanksgiving/the-first-thanksgiving (accessed July 28, 2009); "The History of Thanksgiving: The Pilgrims' Menu," history.com, http://www.history.com/content/thanksgiving/the-first-thanksgiving/the -pilgrims-menu (accessed July 28, 2009).

2. Rick Schenkman, "Top 10 Myths About Thanksgiving," History News Network, November 21, 2001, http://hnn.us/articles/406.html (accessed July 28, 2009).

3. Michael V. Gannon, *The Cross in the Sand* (Gainesville: University Press of Florida, 1965), 26–27.

4. Craig Wilson, "Florida Teacher Chips Away at Plymouth Rock Thanksgiving Myth,"

USA Today, November 21, 2007, http://www.usatoday.com/life/lifestyle/2007-11-20-first-thanksgiving_N.htm (accessed July 28, 2009).

5. Food and Agriculture Organization of the United Nations, Livestock, Environment and Development Initiative, "Livestock's Long Shadow: Environmental Issues and Options," Rome 2006, xxi, 112, 26, ftp://ftp.fao.org/docrep/fao/010/a0701e/a0701e00 .pdf (accessed August 11, 2009).

6. Pew Charitable Trusts, Johns Hopkins Bloomberg School of Public Health, and Pew Commission on Industrial Animal Production, "Putting Meat on the Table: Industrial Farm Animal Production in America," 57–59, 2008, http://www.ncifap.org.

7. Humane Society of the United States, "Landmark Farm Animal Welfare Bill Approved in Colorado," http://www.hsus.org/farm/news/ournews/colo_gestation_crate_veal_crate_bill_051408.html (August 19, 2009).

8. John Mackey, Letter to Stakeholders, Whole Foods Market, http://www.wholefoodsmarket.com/company /pdfs/ar08_letter.pdf (accessed August 19, 2009).

9. "The Worst Way to Farm," *New York Times*, May 31, 2008.

10. Temple Grandin, "2002 Update" for "Survey of Stunning and Handling in Federally Inspected Beef, Veal, Pork, and Sheep Slaughter Plants," Agricultural Research Service, U.S. Department of Agriculture, Project Number 3602-32000-002-08G, http://www.grandin.com/survey/usdarpt.html (accessed August 18, 2009).

11. 屠宰场员工史蒂夫 · 帕利什，引自 Gail A. Eisnitz, *Slaughterhouse: The Shocking Story of Greed, Neglect, and Inhumane Treatment Inside the U.S. Meat Industry* (Amherst, NY: Prometheus Books, 2006), 145.

12. 屠宰场员工艾德 · 凡 · 温克尔，引自 Eisnitz, *Slaughterhouse*, 81.

13. 屠宰场员工东尼 · 泰斯，同上，92-94。

14. *Blood, Sweat, and Fear: Workers' Rights in US Meat and Poultry Plants* (New York: Human Rights Watch, 2004), 2.

15. 屠宰场员工东尼 · 泰斯，引自 Eisnitz, *Slaughterhouse*, 87。

16. Michael Pollan, *The Omnivore's Dilemma* (New York: Penguin, 2007), 362.

17. Temple Grandin, "Commentary: Behavior of Slaughter Plant and Auction Employees Toward the Animals," *Anthrozoös* 1, no. 4 (1988): 205, http://www.grandin.com/references/behavior .employees.html (accessed July 28, 2009).

18. Temple Grandin, "2005 Poultry Welfare Audits: National Chicken Council Animal Welfare Audit for Poultry Has a Scoring System That Is Too Lax and Allows Slaughter Plants with Abusive Practices to Pass," Department of Animal Science, Colorado State University, http://www.grandin.com/survey/2005.poultry.audits.html (accessed July 28, 2009).

19. 同上。

20. Kurt Vogel and Temple Grandin, "2008 Restaurant Animal Welfare and Humane Slaughter Audits in Federally Inspected Beef and Pork Slaughter Plants in the U.S. and Canada," Department of Animal Science, Colorado State University, http://www. grandin.com/survey/2008.restaurant.audits.html (accessed July 28, 2009).

21. 葛兰汀记录道，"切下一只意识清醒的动物的腿"的屠宰场"即刻被判不合格"。 Temple Grandin, "2007 Restaurant Animal Welfare and Humane Slaughter Audits in Federally Inspected Beef and Pork Slaughter Plants in the U.S. and Canada," Department of Animal Science, Colorado State University, http://www.grandin.com/ survey/2007.restaurant .audits.html (accessed July 28, 2009).

22. Temple Grandin, "2006 Restaurant Animal Welfare Audits of Federally Inspected Beef, Pork, and Veal Slaughter Plants in the U.S.," Department of Animal Science, Colorado State University, http://www.grandin.com/survey/2006.restaurant.audits.html (accessed July 28, 2009); Vogel and Grandin, "2008 Restaurant Animal Welfare and Humane Slaughter Audits in Federally Inspected Beef and Pork Slaughter Plants in the U.S. and Canada."

23. Grandin, "2007 Restaurant Animal Welfare and Humane Slaughter Audits in Federally Inspected Beef and Pork Slaughter Plants in the U.S. and Canada."

24. 美国近 80 亿只肉鸡中，只有约 6‰ 为非工业化养殖。假设每个美国人每年吃 27 只鸡，那么非工业化农场的鸡肉仅够养活不到 20 万人。猪的情况类似，全国 1.18 亿头猪中，约 5% 是非工业化养猪。假设每个美国人每年吃 0.9 头猪，非工业化猪肉仅能喂饱 600 万人。（关于工业化养殖动物的数量，见《祖母的故事》一章注释 2。）每年屠宰的动物数量来自美国农业部数据，每个美国人每年消耗的鸡肉与猪肉量由诺姆·莫尔根据美国农业部数据计算。

25. 关于希特勒是素食主义者的传言广为流传，但我无法确定其真实性，尤其有不少资料提到过他吃肉肠。例如，H. Eberle and M. Uhl, *The Hitler Book* (Jackson, TN: PublicAffairs, 2006), 136.

26. 马丁·路德·金的这句名言在网上很多地方能看到，例如 Quotiki.com, http://www. quotiki.com/quotes/3450 (accessed August 19, 2009).

27. "Major Religions of the World Ranked by Number of Adherents," Adherents.com, August 9, 2007, http: //www.adherents.com/Religions_By_Adherents.html (accessed July 29, 2009); "Population by religion, sex and urban/rural residence: Each census, 1984–2004," un.org, http://unstats.un.org/unsd/demographic/products/dyb/ dybcensus/V2_table6.pdf (accessed July 28, 2009).

28. 2006 年，肥胖人口占世界人口的比重超过了营养不良人口。"Overweight 'Top World's Hungry, " *BBC News*, August 15, 2006, http://news.bbc.co.uk/2/hi/health/4793455. stm (accessed July 28, 2009).

29. E. Millstone and T. Lang, *The Penguin Atlas of Food* (New York: Penguin, 2003), 34.

30. 关于全世界素食主义者的数量没有准确数据，对于何谓素食主义者也没有统一标准（例如在印度，鸡蛋被认为是非素食）。但据统计，印度的 12 亿人口中，有42%——即 5 亿人——是素食者。如果世界上的素食者达到 3%，便能在世界餐桌上占据一席。这是一个合理的推测。在美国，根据不同标准判断，约 2.3% 到 6.7%的人口是素食者。"Project on Livestock Industrialization, Trade and Social-Health-Environment Impacts in Developing Countries," FAO, July 24, 2003, http://www.fao.org/WAIRDOCS/LEAD/X6170E/x6170e00.htm#Contents:section 2.3 (accessed July 29, 2009). Charles Stahler, "How Many Adults Are Vegetarian?" *Vegetarian Journal* 4 (2006), http://www.vrg.org/journal/vj2006issue4/vj2006issue4poll.htm (accessed July 29, 2009).

31. FAO, "Livestock Policy Brief 01: Responding to the 'Livestock Revolution,' " ftp://ftp.fao.org/docrep/fao/010/a0260e/a0260e00.pdf (accessed July 28, 2009).

32. 同上。

33. Evan George, "Welcome to $oy City," *Los Angeles Downtown News*, November 22, 2006, http://www.downtownnews.com/articles/2006/11/27/news/news03.txt (accessed July 28, 2009).

34. Mark Brandau, "Indy Talk: Eric Blauberg, the Restaurant Fixer," October 22, 2008, *Nation's Restaurant News*, Independent Thinking, http://nrnindependentthink ing.blogspot.com/2008/10/indy-talk-erik-blauberg- restaurant.html (accessed July 28, 2009). Also see: "Having Words with Erik Blauberg: Chief Executive, EKB Restaurant Consulting," bnet.com, November 24, 2008, http://findarticles.com/p/articles/mi_m3190/is_46_42/ ai_n31044068/ (accessed July 28, 2009).

35. Mia McDonald, "Skillful Means: The Challenges of China's Encounter with Factory Farming," BrighterGreen, http://www.brightergreen.org/files/brightergreen_china_print.pdf (accessed July 28, 2009).

36. Junguo Liu of the Swiss Federal Institute of Aquatic Science and Technology, as cited in Sid Perkins, "A thirst for meat: Changes in diet, rising population may strain China's water supply," *Science News*, January 19, 2008.

37. Colin Tudge, *So Shall We Reap* (New York: Penguin, 2003), as cited in Ramona Cristina Ilea, "Intensive Livestock Farming: Global Trends, Increased Environmental Concerns, and Ethical Solutions, *Journal of Agricultural Environmental Ethics* 22 (2009): 153–167.

38. "More people than ever are victims of hunger," FAO, http://www.fao.org/fileadmin/user_upload/newsroom/docs/Press%20release%20june-en.pdf (accessed July 28, 2009).

39. 全球范围内的肥胖人口都在快速增长。D. A. York and others, "Prevention Conference VII: Obesity, a Worldwide Epidemic Related to Heart Disease and Stroke: Group 1: Worldwide Demographics of Obesity," *Circulation: Journal of the American Heart*

Association 110 (2004): 463–470, http://www.circ.ahajournals.org/cgi/reprint/110/18/ e463 (accessed July 28, 2009).

40. Benjamin Franklin, *The Compleated Autobiography*, edited by Mark Skousen (Washington, DC: Regnery Publishing, 2006), 332.

41. "殖民者面临众多挑战，但他们从未挨饿。英国人为这一地区物资的丰富程度而震惊。" James E. McWilliams, *A Revolution in Eating: How the Quest for Food Shaped America* (New York: Columbia University Press, 2005), 7, 8.

42. "A COK Report: Animal Suffering in the Turkey Industry," Compassion over Killing, http://www.cok.net/lit/ turkey/disease.php (accessed July 28, 2009). This article cites A. R. Y. El Boushy and A. F. B. van der Poel, *Poultry Feed from Waste — Processing and Use* (New York: Chapman and Hall, 1994).

43. James Baldwin, *Abraham Lincoln*: A True Life (New York: American Book Company, 1904), 130–131.

图书在版编目（CIP）数据

吃动物：无声的它们与无处遁形的我们 /
（美）乔纳森·萨福兰·弗尔著；陈觅译 .
-- 上海：文汇出版社，2021.5
ISBN 978-7-5496-3420-0

Ⅰ.①吃… Ⅱ.①乔…②陈… Ⅲ.①肉类 – 食品安
全 – 通俗读物 Ⅳ.① TS201.6-49

中国版本图书馆 CIP 数据核字 (2021) 第 026749 号

版权登记图字 09-2021-0096

吃动物：无声的它们与无处遁形的我们

作　　者/	〔美〕乔纳森·萨福兰·弗尔
译　　者/	陈觅
责任编辑/	何璟
特邀编辑/	龚寒
装帧设计/	尚燕平
内文制作/	王春雪
出　　版/	**文匯**出版社
	上海市威海路 755 号
	（邮政编码 200041）
发　　行/	新经典发行有限公司
电　　话/	010-68423599　邮　　箱 / editor@readinglife.com
印刷装订/	北京盛通印刷股份有限公司
版　　次/	2021 年 5 月第 1 版
印　　次/	2021 年 5 月第 1 次印刷
开　　本/	850×1168　1/32
字　　数/	190 千
印　　张/	9

ISBN 978-7-5496-3420-0
定　　价/　59.00 元